高等职业学校"十四五"规划智能制造专业群特色教材

钳工实习

（第三版）

主　编　熊海涛　熊　达　梁　博

U0278975

华中科技大学出版社
中国·武汉

内 容 简 介

本书较系统地介绍了钳工实习的各个项目,钳工工作的基本概念、原理和操作方法。全书内容包括:钳工概述、量具、划线、錾削、锯割、锉削、钻孔、扩孔、锪孔和铰孔,攻螺纹与套螺纹,矫正与弯曲,铆接,刮削、研磨,机床夹具基础,装配和维修基本知识。书中相关内容参考了国际和国内有关标准。

本书可作为职业院校钳工实习教材或培训教材,也可供有关工程技术人员参考。

图书在版编目(CIP)数据

钳工实习/熊海涛,熊达,梁博主编. —3 版. —武汉:华中科技大学出版社,2022.3
ISBN 978-7-5680-8045-3

Ⅰ.①钳… Ⅱ.①熊… ②熊… ③梁… Ⅲ.①钳工-教材 Ⅳ.①TG9

中国版本图书馆 CIP 数据核字(2022)第 032598 号

钳工实习(第三版)　　　　　　　　　　　　　　熊海涛　熊　达　梁　博　主编
Qiangong Shixi(Di-san Ban)

策划编辑:万亚军
责任编辑:万亚军
封面设计:廖亚萍
责任监印:周治超
出版发行:华中科技大学出版社(中国·武汉)　　　　电话:(027)81321913
　　　　　武汉市东湖新技术开发区华工科技园　　　　邮编:430223
录　　排:武汉市洪山区佳年华文印部
印　　刷:武汉开心印印刷有限公司
开　　本:787mm×1092mm　1/16
印　　张:13.75
字　　数:330 千字
版　　次:2022 年 3 月第 3 版第 1 次印刷
定　　价:39.80 元

前　言

在科学技术高速发展的今天，特别是在加入世界贸易组织以后，我国各方面正全面走向国际化，对人才的要求越来越高。为适应现代化建设的需要，满足用人单位对高技能人才的需求，党中央、国务院及时作出了大力发展高等职业教育的决定。

在高等职业教育的教学过程中，为满足工程类学生的学习和工作需要，除应加强外语和计算机技术课程的学习以外，还必须同时重视与日常生活相关的基础知识和操作能力的培养，"钳工实习"教学正是为适应这种需要开设的课程。

本书在内容上，强调基本理论的学习、基本技能的训练，突出针对性和实用性，着重介绍基础知识，注重能力培养，努力做到理论联系实际、通俗易懂、学以致用，且有一定高度和深度的理论知识；既少而精，又注重了知识的科学性、系统性和完整性。

本书由武汉职业技术学院熊海涛、熊达、梁博担任主编。其中引言及学习情境一、二、三、四、五、十、十二、十三由熊海涛执笔，学习情境六、七、八、九由熊达执笔，学习情境十一及附录 A、B、C 由梁博执笔。

由于编者经验不足，加之水平有限，书中难免存在一些缺点和错误，恳请广大师生及其他读者批评指正。

编　者
2021 年 9 月

目　录

引　言

一、钳工在机械制造中的任务及主要工作内容

钳工是指利用台虎钳、锉刀等各种手用工具和一些机械设备完成某些零件的加工,部件、机器的装配和调试,以及各类机械设备的维护、修理等任务的工种。它是机械制造中的重要工种之一,为保证机械质量起重要作用,主要应用于机械加工方法不太适宜或难以进行机械加工的场合。

钳工主要分为普通钳工和工具钳工。普通钳工主要从事零件加工及机器设备的装配、调试和维修工作;工具钳工主要从事工具、夹具、模具的制造、装配和修理工作。无论哪一种钳工,都必须掌握好钳工的各项基本操作。其主要工作内容有划线、錾切、锯割、锉削、钻孔、扩孔、锪孔、铰孔、攻螺纹、套螺纹、矫正、弯曲、铆接、标记、刮削、研磨、装配、调试、测量和简单的热处理等。

虽然钳工工作劳动强度大,生产率低,但所用工具简单,操作灵活方便,因此,应用较为广泛。随着机械工业的发展,机械制造技术水平的不断提高,数控机床和加工中心的逐渐推广,钳工操作也将不断提高机械化程度,某些繁重、复杂的工作可能会被数控机床或加工中心所替代,这样既减轻了劳动强度,又提高了零件的精度和生产率。在这样的背景下,钳工在机械制造、维修和装配工作中仍是不可缺少的重要工种。主要原因如下所述。

(1)在切削加工之前,毛坯要进行清理和划线;零件装配之前,要进行钻孔、铰孔、攻螺纹和套螺纹等加工;机器设备装配中要进行修配、组装、调整和试车等,这些工作都要由钳工来完成。

(2)机器设备在使用过程中的修理需要由钳工来完成。

(3)一些易于制作的单件或小批零件由钳工完成简便快速。

(4)对于用机械加工方法不太适宜或难以进行机械加工的零件,一般由钳工完成。

二、钳工的工作场地

(一)钳工工作场地的常用设备

钳工的工作场地是一人或多人工作的固定地点。工作场地常用的设备主要有钳台、台虎钳、砂轮机、台式钻床和立式钻床等。

1. 钳台

钳台也称钳桌,有多种形式,图 0-1 所示为其中的一种。钳台的高度一般为 800~900

mm,其长度和宽度可随工作需要而定。为保证钳台工作时稳定,最好用木料制作。台面上安装台虎钳,安装的合适高度应与人手肘平齐。钳台上一般有几个抽屉,用来存放工具。

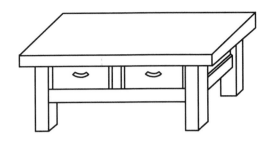

图 0-1　钳台

2. 台虎钳

台虎钳用来夹持工件,其外形和结构如图 0-2 所示,规格用钳口的宽度表示,常用的有 100 mm(约 4 英寸)、125 mm(约 5 英寸)和 150 mm(约 6 英寸)等几种。

台虎钳分固定式(见图 0-2(a))和回转式(见图 0-2(b))两种,其主要结构和工作原理基本相同。回转式台虎钳的整个钳身可以回转,能满足不同方位加工的需要,使用方便,应用较广,其主要结构如图 0-2(b)所示.

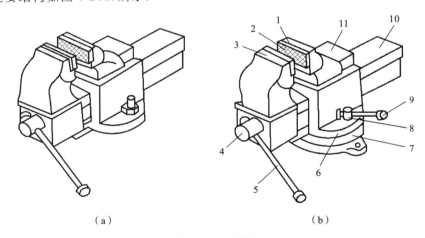

（a）　　　　　　　　　　　　　　　（b）

图 0-2　台虎钳

(a) 固定式;(b) 回转式

1—固定钳身;2—钳口;3—活动钳身;4—丝杠;5—夹紧手柄;

6—转盘座;7—底座;8—紧固螺钉;9—紧固手柄;10—导轨;11—砧座

在图 0-2(b)中,回转式台虎钳的固定钳身、活动钳身、底座和转盘座由铸铁制成。转盘座上有三个螺栓过孔,用来与钳台固定。固定钳身装在转盘座上,并能在转盘座上绕其轴心线转动。当转到所需的加工方位时,扳动手柄可使夹紧螺钉旋紧,将固定钳身与转盘座紧固。活动钳身通过其导轨与固定钳身的导轨孔相滑配,丝杠穿过活动钳身与固定螺母相配合。当转动手柄使丝杠旋转时,就可带动活动钳身相对于固定钳身进退移动,完成夹紧或松开工件的动作。固定钳身上还有一个砧座。为了防止钳口磨损,在固定钳身和活动钳身上分别装有钢制钳口,钳口上制有交叉的斜纹,可使工件夹紧后不易产生滑动。钳口经过淬火,以延长使用寿命。

使用台虎钳时要注意以下几点。

（1）安装台虎钳时,必须使固定钳身的钳口工作面处于钳台的边缘之外,以便在夹持较长的工件时,工件的下端不会受到钳台边缘的阻碍。

（2）必须把台虎钳牢固地固定在钳台上。工作时两个夹紧螺钉必须旋紧,保证钳身没有松动现象,以免损坏台虎钳和影响加工质量。

（3）零件尽量夹持在台虎钳钳口中部,使钳口受力均衡;夹紧工件应稳固可靠,便于加工,不产生变形;夹紧工件时,只允许用手的力量扳紧手柄,不能用手锤敲击手柄或套上长管子扳手柄,以免丝杠、螺母或钳身因受力过大而损坏。

（4）强力作业时,应尽量使力量朝向固定钳身,否则丝杠和螺母会因受到过大的力而损坏。

（5）不要在活动钳身的光滑平面上进行敲击作业,以免降低活动钳身与固定钳身的配合性能;若要锤击工件,只可在砧面上进行。

（6）丝杠、螺母和其他活动表面应经常加润滑油和防锈,并注意保持清洁。

3. 砂轮机

砂轮机主要用来磨削各种刀具（如錾子、钻头、车刀、铣刀、刮刀等）和工具（如样冲、划针等）,还可用来磨去工件或材料上的毛刺、锐边等。砂轮机主要由砂轮、电动机、机座、托架和防护罩组成,如图 0-3 所示。为了减少尘埃污染,最好带有吸尘装置。

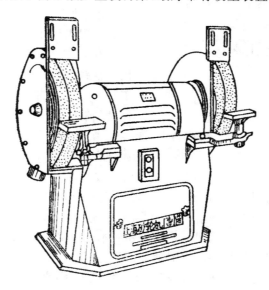

图 0-3　砂轮机

砂轮质地较脆,工作时转速很高,使用时用力不当会发生砂轮碎裂造成人身事故。因此,安装砂轮时一定要使砂轮平衡,装好后必须先试转 3～4 min,检查砂轮转动是否平稳,有无振动与其他不良现象。使用时,要严格遵守以下安全操作规程。

（1）砂轮的旋转方向应正确，以使磨屑向下方飞离砂轮。

（2）砂轮机启动后，应先观察运转情况，待转速正常后才能进行磨削。

（3）磨削时，工作者应站在砂轮的侧面或斜侧位置，不要站在砂轮的正面。

（4）磨削时不要使工件或刀具对砂轮施加过大压力或撞击，以免砂轮碎裂。

（5）要经常保持砂轮表面平整，发现砂轮表面严重跳动，应及时修整。

（6）砂轮机的托架与砂轮间的距离一般应保持在 3 mm 以内，以免发生磨削件扎入而使砂轮破裂的事故。

（7）应定期检查砂轮有无裂纹，两端螺母是否锁紧。

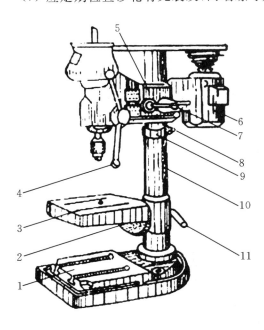

图 0-4　台钻

1—底座；2,8—螺钉；3—工作台；4—进给手柄；
5—本体；6—电动机；7—锁紧手柄 A；9—保险环
10—立柱；11—锁紧手柄 B

4. 台式钻床(台钻)

台式钻床通常简称为台钻，是一种小型钻床。一般安装在工作台上或铸铁底座上。钻床代号用字母 Z 来表示，其最后两位数表示钻床能装夹钻头的最大直径。

一般台钻多用来钻直径 13 mm 以下的孔。图 0-4 所示为应用较广的一种台钻。电动机转动后，通过塔轮及三角胶带传动，可使钻床主轴获得五种转速。本体可在立柱上上下移动，并可绕立柱轴心线转动到适当的位置，然后用手柄锁紧。保险环用螺钉锁紧在立柱上，并紧靠本体的下部端面，以防本体万一因锁紧失效而突然从立柱上滑下。工作台也可在立柱上上下移动和转动一定角度，并用手柄锁紧在适当的位置。当松开螺钉时，工作台在垂直平面内还可左右倾斜 45°，以便钻斜孔。

由于工件的高度不一，钻孔时，常常要预先把台钻的本体（或工作台）调整到适当的高度。调整本体高度位置的一般方法如下：选择适当高度的木块等支持物体预先支承于主轴下，并扳动进给手柄使主轴顶紧支持物，然后松开手柄，继续按进给方向扳动进给手柄，主轴便在支持物的反力下带动本体一起升高。待升高到所需的位置时，把手柄扳紧即可。若需要使本体下降，先把保险环松开并向下移至适当位置后固定，再选择好支持物并放在主轴下，扳动进给手柄使主轴下降并与支持物顶紧，然后放开手柄，慢慢地使进给手柄回松，本体便可徐徐下降，直至与保险环接触，最后把手柄扳紧即可。

钻削小工件时，工件可放在工作台上；当工件较大或较高时，可将工作台转到旁边，把工件直接放在底座上进行钻孔。

5. 立式钻床(立钻)

立式钻床简称为立钻，一般用来钻中小型工件上的孔，钻孔直径大于或等于 13 mm。

由于立钻的结构较台钻完善,功率较大,又可实现机动进给,因此可获得较高的生产率和较高的加工精度。同时,它的主轴转速和机动进给量都有较大的变动范围,故可以适用于不同材料的加工和进行钻孔、扩孔、锪孔、铰孔和攻螺纹等多种加工。

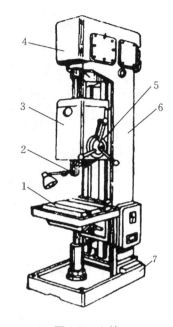

图 0-5 所示的是立式钻床的基型。它主要由主轴、变速箱、进给箱、工作台、立柱和底座等组成。在变速箱中装有主轴变速机构、主轴部件和进给变速操纵机构等,可使主轴获得所需的转速和进给量。加工时,工件直接或通过夹具安装在工作台上,刀具安装在主轴孔中,由电动机带动变速机构,使主轴既旋转又做轴向进给运动。利用操纵手柄,能很方便地通过操纵机构实现手动快速升降、接通或断开机动进给、实现手动进给等操作。进给操纵机构具有定程切削装置。当接通机动进给,钻孔至预定深度时,进给运动被自动控制断开;或攻螺纹至预定深度时,控制主轴反转,使刀具自动退出。工作台、变速箱和进给箱都安装在方形立柱的垂直导轨上,可上下调整位置,以加工不同高度的工件。

图 0-5　立钻
1—工作台;2—主轴;3—进给箱;
4—变速箱;5—操纵手柄;6—立柱;7—底座

(二)钳工工作场地的合理组织

为了充分利用钳工工作场地,提高劳动生产率和工作质量,保证安全生产,必须对工作场地进行合理的组织与安排。为此,应注意以下几点。

(1)钳工使用的主要设备的布置要合理恰当。例如:钳台要放在光线适宜的地方,虎钳高低要适合,多人使用的钳台中间要做安全网;砂轮机要放在安全的地方,砂轮的旋转方向要避开工作人员;钻床要放在使用方便、光线充足的地方。

(2)钳工工作地点应保持整洁,零件、工具、量具应有条理地放在规定位置。零件、工具、量具等不能堆放在一起,以便使用和防止工具、量具的损坏。精密量具要轻拿轻放。工具和量具的合理放置如图 0-6 所示。

(3)放置架(存放零件的架子)应安放在适当的位置,不要离工作的地方太远。放置架一般是多层的,应按零件的分类和装配关系分别放置,以便寻找。

(4)毛坯(待加工件)要放置整齐,便于拿放。毛坯种类较多时,要按类别和工序摆放好。

(5)开始工作前应做好准备,包括熟悉图纸、检查工件和确定工序等。

(6)集体性质的工作,如装配或机械修理,要有统一调度,工序间要搞好协作,以免返工、窝工、浪费工时。

(7)工作完毕后,应对工具、量具、夹具和设备进行清扫、擦洗和涂油,并将工具、量具、夹具放回原处。场地要清扫干净,特别是要注意清理油污和积水,以防滑倒伤人。余料和铁屑等应送往指定的堆放地点。

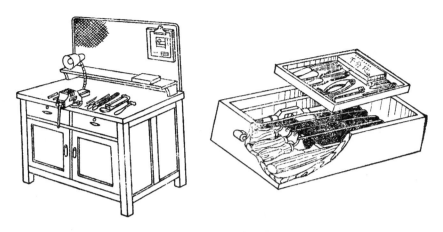

图 0-6　工具和量具的合理放置

三、钳工安全技术及工作要求

（一）钳工安全技术的一般常识

（1）工作场地要保持整齐清洁，搞好环境卫生。使用的工具、加工的零件、毛坯和原材料的放置，要整齐稳当，有顺序，不准在过道上堆放。要及时清除过道上和工作地点的油污、积水和其他液体，以防滑倒伤人。

（2）钳工操作（尤其是錾削）时，他人从后面靠近，要注意操作者的动作，必要时要打招呼；钳工台两侧同时有人操作时，中间虽有安全网，也要随时注意安全，互相照应，防止意外。

（3）不准擅自使用不熟悉的机器和工具。熟悉者也要经设备专职负责人同意才能使用。使用前要检查，发现损坏或有其他故障，要停用。

（4）工作前必须按规定穿戴好防护用具（如防护眼镜等）。发现防护用具失效，应立即修补和更换。

（5）在钳工工作，如錾削、锉削、锯割、钻孔等中，都会产生很多切屑，清除切屑时要用刷子，不可用手直接清除，更不准用嘴吹，以免割伤手指或伤到眼睛。

（6）使用电器设备时，必须严格遵守操作规程，防止触电。如果发现有人触电，不要慌乱，及时切断电源，进行抢救。

（7）使用钻床及砂轮机时，不允许戴手套，也不许用棉纱包工件，以免发生事故。

（二）钳工工作要求

（1）遵守劳动纪律，严格按照操作规程操作。

（2）严字当头，一丝不苟，保证加工质量。

（3）爱护工具、量具及设备，节约原材料，养成勤俭作风。

（4）勤学苦练，精益求精，要以科学态度努力创新。

学习情境一　常　用　量　具

零件是否符合图纸规定的公差要求,要用测量工具进行测量后判断,这些测量工具简称为量具。由于零件的形状和精度要求不同,因此要选用不同的量具。量具的种类很多,根据其用途和特点,可分为三种类型。

1. 通用量具

通用量具包括固定刻线量具(如钢直尺、钢卷尺等)、游标量具(如游标卡尺、游标深度尺、万能角度尺等)、螺旋测微量具(如百分尺、深度百分尺等)。这类量具一般都有刻度,在测量范围内,可以测量零件和产品形状及尺寸的具体数值。

2. 极限量具

这类量具为无刻度的专用量具,不能测量出实际尺寸,只能测定零件和产品的形状及尺寸是否合格。如光滑极限量规、螺纹量规、键槽量规等。

3. 标准量具

这类量具是按基准复制出来的代表一个固定尺寸的量具,它可用来校对和调整其他量具或进行精密测量,如块规、角度块规等。

任务一　认识长度单位

一、任务目标

了解当前法定长度单位及换算方法,并知晓其他长度单位。

二、背景知识

(1) 目前我国法定长度单位的名称和代号如表 1-1 所示。

(2) 在实际工作中,有时还会遇到英制尺寸。

英制尺寸的进位方法和名称如下:1 英尺(1′)=12 英寸(12″),1 英寸 = 8 英分。英制尺寸常以英寸为单位。例如,1 英尺写成 12 英寸,4 英分写成 $\frac{1}{2}$ 英寸,2 英分写成 $\frac{1}{4}$ 英寸等。

表 1-1　长度计量单位

单 位 名 称	代　　号	与基准单位的比
米	m	基准单位
分米	dm	10^{-1} m(0.1 m)
厘米	cm	10^{-2} m(0.01 m)
毫米	mm	10^{-3} m(0.001 m)
丝米	dmm	10^{-4} m(0.0001 m)
忽米	cmm	10^{-5} m(0.00001 m)
微米	μm	10^{-6} m(0.000001 m)

方便起见，可将英制尺寸换算成米制尺寸。因为 1 英寸≈25.4 毫米，所以把英制尺寸乘上 25.4 毫米就可以换算成米制尺寸。

三、任务分析

（1）掌握法定长度单位的名称、代号及换算方法。

（2）掌握英制尺寸的名称、代号及换算方法，知晓英制尺寸和法定长度单位之间的换算关系。

四、任务准备

法定长度单位换算表，英制尺寸换算表，法定长度单位与英制尺寸之间的换算关系表，纸和水性笔等。

五、任务实施

（1）由教师举例示范法定长度单位、英制尺寸以及它们之间的计算，并提出应该注意的问题。

（2）选择三个学生到黑板上分别计算法定长度单位米、分米、厘米、毫米、丝米、忽米和微米之间的换算，英制长度单位英尺、英寸和英分之间的换算，以及法定长度单位和英制单位之间的换算。

任务二　认识常用量具

一、任务目标

（1）了解各种量具的测量原理以及适用的测量场合。

（2）掌握各种量具的使用方法。

二、背景知识

零件是否符合图纸规定的公差要求,要用测量工具进行测量后判断。由于零件的形状和精度要求不同,因此要选用不同的量具。现将常用量具的结构、性能、使用方法和注意事项介绍如下。

（一）钢尺

钢尺是用薄钢皮制成的。它的长度有 150 mm、300 mm、500 mm 和 1000 mm 等几种。常用的是 150 mm 钢尺（见图 1-1）。

图 1-1   钢尺

钢尺用于直接测量零件的长度和直径尺寸,可准确读出毫米数,比 1 mm 小的数值只能估计而得。使用方法如图 1-2 所示。读数时,眼睛要对正尺面刻度,不得斜视,以提高读数精度。钢尺用后要擦净存放起来。

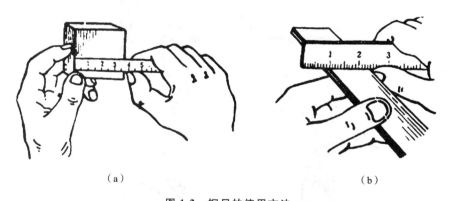

（a）   （b）

图 1-2   钢尺的使用方法
（a）用钢尺测量零件宽度；（b）从第十条刻线起的测量方法

（二）卡钳

卡钳是一种间接量具,从卡钳上是看不出尺寸的,使用时必须与钢尺或其他刻线量具合用。

卡钳分外卡钳和内卡钳两种（见图 1-3）,分别用于测量外尺寸和内尺寸。卡钳测量的尺寸可用图 1-4 所示的方法取得。测量工件的方法如图 1-5 所示。调整普通卡钳尺寸时,应敲钳口的两侧面,不得敲击钳口。测量工件时,卡钳要放正,不可用力压卡钳,只要手感觉

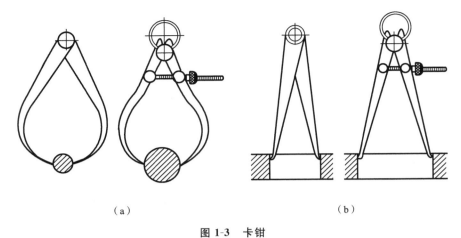

（a）　　　　　　　　　　　　（b）

图 1-3　卡钳

（a）普通及弹簧外卡钳；（b）普通及弹簧内卡钳

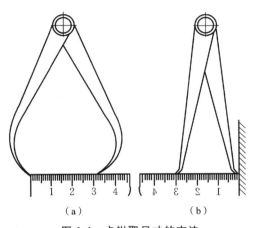

（a）　　　　　　　　（b）

图 1-4　卡钳取尺寸的方法

（a）外卡钳取尺寸；（b）内卡钳取尺寸

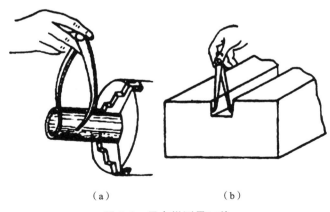

（a）　　　　　　　　（b）

图 1-5　用卡钳测量工件

（a）用外卡钳测量轴径；（b）用内卡钳测量槽宽

到钳口与被测表面接触即可;工件转动时,不可用卡钳测量。

（三）刀口尺

刀口尺是样板平尺中的一种,因它有圆弧半径为 0.1～0.2 mm 的棱边(见图 1-6),故可用漏光法或痕迹法检验直线度和平面度。

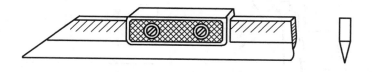

图 1-6　刀口尺

检验时,刀口尺的测量棱边紧靠工件表面,然后观察漏光缝隙大小(见图 1-7),判断工件表面是否平直。在明亮而均匀的光源照射下,全部接触表面能透过均匀而微弱的蓝色光线时,被测表面就很平直。检验平面度时,还应沿对角线方向检验(见图 1-8)。

图 1-7　用刀口尺检验直线度

（四）角尺

角尺有两根互成 90°的钢尺边,它可以制成整体的和组合的两种。角尺也有制成精密圆柱形的,这时必须与平板配合使用(见图 1-9),用来测量外角度。

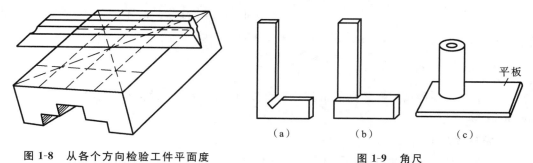

图 1-8　从各个方向检验工件平面度

图 1-9　角尺

(a)整体角尺;(b)组合角尺;(c)精密圆柱角尺

用角尺检验零件外角度时,使用角尺的内边;用角尺检验零件内角度时,使用角尺的外边(见图 1-10)。当角尺一边贴住零件基准表面时,应轻轻压住,然后使角尺的另一边与零件被测表面接触,根据漏光的缝隙判断零件相互垂直面的直角精度。

（五）厚薄规

厚薄规又称为塞尺,用于检验两个距离很小的表面之间的间隙大小。厚薄规有两个平

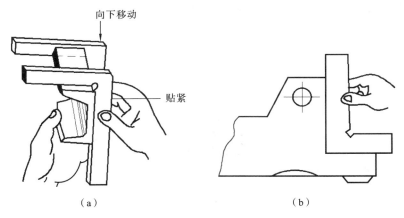

（a）　　　　　　　　　　　　　　（b）

图 1-10　用角尺检验工件

（a）检验外角；（b）检验内角

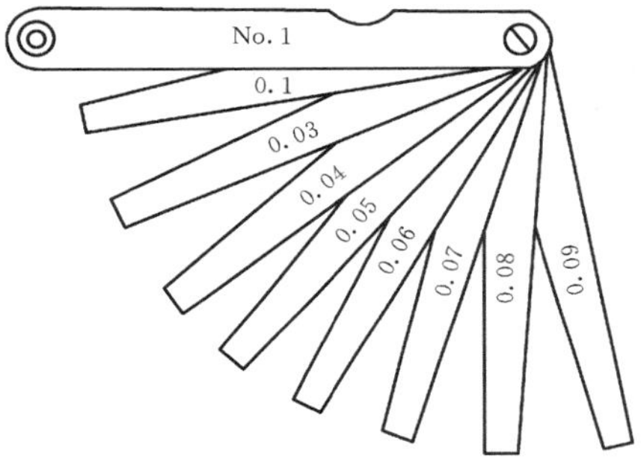

图 1-11　厚薄规

行的测量平面（见图 1-11），其长度有 50 mm、100 mm、200 mm 等几种。测量片厚度为 0.03～0.1 mm 时，中间每片相隔为 0.01 mm；测量片厚度为 0.1～1 mm 时，中间每片相隔为 0.05 mm 。

使用时，根据零件尺寸的需要，可用一片或数片重叠在一起塞入间隙内。如用 0.03 mm 能塞入，0.04 mm 不能塞入，说明间隙在 0.03～0.04 mm 之间，所以厚薄规是一种极限量规。

将塞片从匣内取出或放进及组合塞片时，要用厚片带动薄片移动，防止损坏薄片；使用前要清洁厚薄规和被测表面；测量时不能用力过大，用完擦净放入匣内。

（六）游标卡尺

游标卡尺是一种精度比较高的量具。它可以直接测量出工件的外径、内径、长度、宽度和孔距、孔深等尺寸。

1. 游标卡尺的结构

游标卡尺是由主尺和游标（见图 1-12）等零件组成的。在主尺上刻有每格 1 mm 的刻度。游标（副尺）上也刻有刻度。当尺框需要移动较大的距离时，应松开螺钉，推动尺框即可。如果要使尺框作微动调节，则要将右螺钉拧紧，左螺钉松开，用手指转动微调螺母，通过螺杆移动尺框，使其得到需要的位置或尺寸，然后把左螺钉拧紧。图示卡尺的下量爪的内侧面用于测量外尺寸，外侧面用于测量内尺寸；上量爪的测量面较窄，用于测量孔距或测量狭窄表面。有些卡尺的尺框带测深尺，用于测量深度尺寸。

2. 游标卡尺的刻线原理和读数方法

游标卡尺的读数机构是由主尺和游标的刻线距离相互配合而构成的。当尺框上的活动

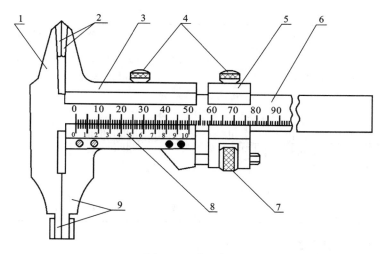

图 1-12　游标卡尺

1—尺身；2—上量爪；3—尺框；4—螺钉；5—微动装置架；6—主尺；7—微调螺母；8—游标；9—下量爪

量爪与尺身左端的固定量爪贴合时，游标上的"0"刻线对准主尺上的"0"刻线，这时量爪间的距离为零（图 1-12）。测量时，尺框向右移动到某一位置，固定量爪和活动量爪之间的距离就是测量尺寸。该尺寸的整毫米数，可在游标零线左边的主尺刻线上读出，而比 1 mm 小的数，可借游标读数机构来读出。游标卡尺能够读（测）出的最小尺寸，称为游标读数值。游标读数值有 0.1 mm、0.05 mm 和 0.02 mm 三种，其刻线原理和读数方法参见表 1-2。

表 1-2　游标卡尺的刻线原理和读数方法

数值	刻 线 原 理	读 数 方 法 及 示 例
0.1	主尺 1 格＝1 mm 游标 1 格＝0.9 mm，共 10 格 主尺、游标每格之差＝(1－0.9) mm＝0.1 mm	读数＝游标 0 位指示的主尺整数＋读数值×游标 　　　　与主尺重合线数 示例： 读数＝(90＋0.1×4) mm＝90.4 mm
0.05	主尺 1 格＝1 mm 游标 1 格＝0.95 mm，共 20 格 主尺、游标每格之差＝(1－0.95) mm＝0.05 mm	读数＝游标 0 位指示的主尺整数＋读数值×游标 　　　　与主尺重合线数 示例： 读数＝(30＋0.05×11) mm＝30.55 mm

续表

数值	刻　线　原　理	读数方法及示例
0.02	主尺 1 格＝1 mm 游标 1 格＝0.98 mm，共 50 格 主尺、副尺每格之差＝(1−0.98) mm＝0.02 mm 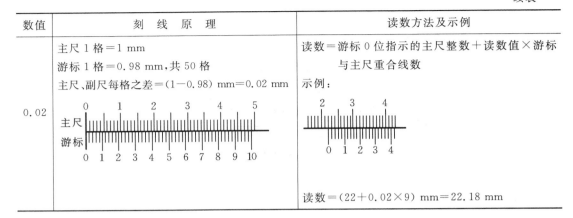	读数＝游标 0 位指示的主尺整数＋读数值×游标 　　　　与主尺重合线数 示例： 读数＝(22＋0.02×9) mm＝22.18 mm

3. 游标卡尺的使用方法

（1）测量前应擦净卡尺，检查零位是否对准。零位对准就是当卡尺两个量爪紧密贴合时，游标和主尺的零线正好对准。否则，应送量具检修部门校准。

（2）测量时，先擦净工件表面，然后将量爪张开，使尺寸 L 略大于（测量外尺寸 d 时）或略小于（测量内尺寸 D 时）被测尺寸（见图 1-13）。卡尺自由卡进工件后，先使固定量爪贴紧一个被测表面，再慢慢移动活动量爪，使其轻轻地接触另一被测表面。如卡尺带有微调装置，则应转动微调螺母，使量爪接触被测表面。

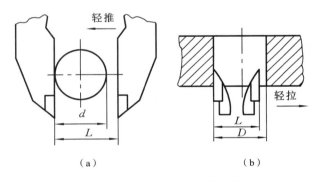

图 1-13　用游标卡尺测量工件

（a）测量外尺寸；（b）测量内尺寸

（3）测量中，量爪与被测表面不要卡得太紧或太松，测量力的大小要适当，并且要使量爪与被测尺寸的方向一致，不得放斜，否则都会使测量尺寸不准确。由图 1-14 可知，尺寸 a 和 b 是不相等的。

（4）测量圆孔时，应使一个量爪接触孔壁不动，另一量爪微微摆动，取其最大值，以量得真正的直径尺寸。若所用游标卡尺两量爪宽度为 b（通常为 10 mm），则用它测量内尺寸时，其实际尺寸应是读出的尺寸再加上 b。在图 1-15 中，C 是读数尺寸，L 是实际尺寸。

（5）读数时，刻线应在两眼的视线中间，且视线应垂直于卡尺表面，否则会造成读数误差。如果需从工件上取下卡尺进行读数，则应将卡尺沿被测表面轻轻地拔出来，不可歪斜，

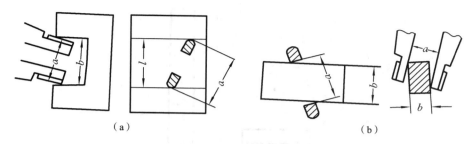

图 1-14 游标卡尺放斜的情况

(a) 测量内尺寸;(b) 测量外尺寸

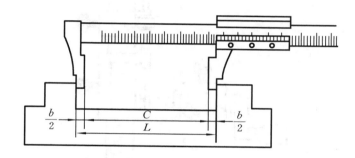

图 1-15 测量实际内尺寸的情况

以防量爪变形或移动位置而造成读数误差。

（七）高度游标尺

高度游标尺（见图 1-16）可以用来测量高度等尺寸,还可用来精密划线,因此又称为游标划线尺。它的结构特点是用质量较大的底座代替卡尺的固定量爪,在活动尺框的横臂上可根据需要安装不同形式的量爪。

用高度游标尺测量工件时必须在平板上进行。当量爪的测量面与底座底平面都接触到平板平面时,主尺和游标的零线相互对准。测量高度时,量爪测量面距底平面的高度就是被测量尺寸,其读数方法与游标卡尺相同。测量凹面时,如采用量爪的上测量面,则要加上量爪本身的高度尺寸。划线也必须在平板上进行,还应将测量爪换成划线爪,先调整好划线高度,再进行划线。

（八）深度游标卡尺

这种游标卡尺用来测量台阶长度和孔、槽的深度,其刻线原理和读法与普通游标卡尺相同。图 1-17 所示为深度游标卡尺外形和使用方法。

（九）百分尺

百分尺是应用螺旋传动原理制成的一种精密量具,故又称为螺旋测微器。

百分尺按用途分为外径百分尺、内径百分尺、测深百分尺和螺纹百分尺等几种,其结构

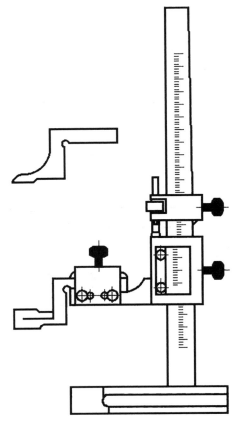

图 1-16　高度游标尺

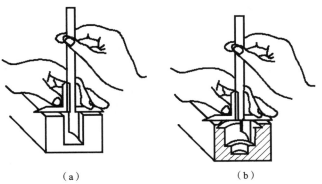
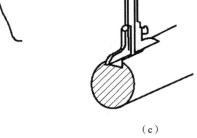

（a）　　　　　　　　　（b）　　　　　　　　　（c）

图 1-17　深度游标卡尺使用方法

和读数原理基本相同。

1. 外径百分尺的结构

　　外径百分尺在实际工作中常被简称为百分尺。它由尺架、测微装置、制动销和测力装置等组成。图 1-18 所示为测量范围为 0～25 mm 的百分尺。图中尺架是弓形的，在两端通孔中分别装入固定测砧和螺纹轴套,两侧面覆盖着绝热板,以防止手的热量影响测量精度 。

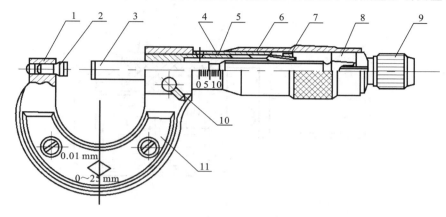

图 1-18　百分尺的结构

1—尺架;2—固定测砧;3—测微螺杆;4—螺纹轴套;5—固定套管;
6—微分筒;7—螺母;8—弹簧套;9—测力装置;10—制动销;11—绝热板

测微装置主要由测微螺杆、固定套管和微分筒等零件组成。测微螺杆右端的圆柱面与螺纹轴套左部的孔配合,测微螺杆中部的螺纹与螺纹轴套左端的开槽螺母构成螺旋传动,螺距为 0.5 mm。转动螺母可调整螺纹的配合间隙。测微螺杆右端的圆锥面与弹簧套的锥孔配合。弹簧套的外圆表面与微分筒配合。测力装置左端的螺钉可将测微螺杆、弹簧套和微分筒紧固在一起。旋转测力装置,可使测微螺杆和微分筒转动,同时做轴向移动。

微分筒上刻有微分刻度,固定套管上刻有主尺刻度,它们之间可以产生相对转动,以便调整零位。

制动销上制有偏心缺口,可把测微螺杆固定在一定位置上。

测力装置的结构如图 1-19 所示。棘轮和转帽靠端面键连接。棘轮可压缩弹簧在小轴上移动,但不能与小轴相对转动。小轴和测微螺杆也由端面键连接。转动转帽时,通过棘轮、测微螺杆将运动传给小轴,从而带动测微螺杆(见图 1-18)一起转动。当测量力达到或超过弹簧力后,棘轮、测微螺杆之间就打滑,转帽的运动就不能传给测微螺杆,随之发出"嘎嘎"的弹跳声。螺钉是限制转帽位置的。

2. 百分尺的刻线原理和读数方法

百分尺是利用固定套管和微分筒相互配合进行刻线和读数的。

在固定套管上,有一条纵向刻线。刻线的下方刻有刻度,每隔 5 mm 刻出一数字,它表示整毫米读数;纵向刻线的上方也有刻度,上方与下方刻线的位置相错 0.5 mm,表示 0.5 mm 读数。

在微分筒左端的外锥面上,有 50 等分的刻度。由于测微螺杆的螺距是 0.5 mm,所以微分筒转一圈时,它随测微螺杆轴向移动 0.5 mm。如果微分筒仅转过一个圆周刻度,即 1/50 圈时,它和测微螺杆轴向移动的距离就是 0.5/50 = 0.01（mm）。

百分尺的读数方法是:先找出最靠近微分筒棱边左侧的刻度,读数的最小单位是 0.5 mm 或整数毫米,切勿读错 0.5 mm,然后找出微分套筒上刻度与固定套管纵向刻线对准的

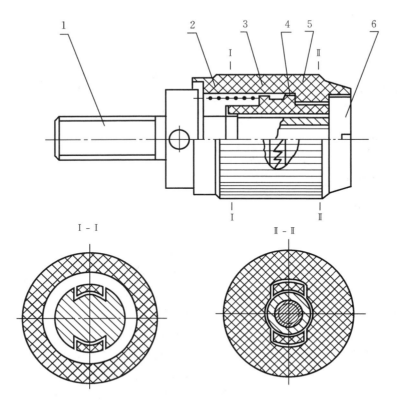

图 1-19　百分尺的测力装置

1—小轴;2—压缩弹簧;3,4—棘轮;5—转帽;6—螺钉

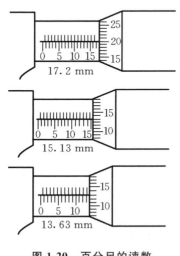

图 1-20　百分尺的读数

那条线,将该线的序数号与 0.01 mm 相乘,即得小于 0.5 mm 的读数;最后把以上两个读数相加,就得到读数总值。图 1-20 所示的是百分尺的读数实例。

3. 百分尺的使用方法

(1) 使用前要检查零位,把百分尺的两个测量面擦干净,转动测力装置,使测量面正常接触(对于测量范围大于 25 mm 的百分尺,测量面间要放入标准量棒),这时微分刻度的零线应与固定套管的纵向刻线重合,微分筒棱边应与固定套管上的零线对准。

(2) 测量前,要擦净被测表面。不允许用百分尺测量粗糙表面。

(3) 测量时,应转动测力装置,使百分尺的测量面与被测表面接触。当听到"嘎、嘎"的声音后,就要停止转动,进行读数。不允许用力旋转微分筒,或把百分尺尺寸定好后卡入工件。

(4) 需要取下百分尺进行读数时,应先用制动销将测微螺杆锁紧,然后轻轻取下。

（5）为了提高测量精度，允许轻轻地晃动百分尺或被测工件，以保证被测表面与百分尺的测量面接触良好，还可以在被测表面上的不同位置或方向上进行多次反复测量，取其算术平均值作为测量结果。

（十）百分表

百分表是利用机械传动机构，把测头的直线移动转变为指针的旋转运动而进行测量和读数的一种量仪，主要用于找正工件的安装位置，检验表面形状和相互位置精度，以及对零件的尺寸进行相对测量等。

1. 百分表的结构

图 1-21 是百分表的结构示意图。测杆装在套筒中，可以上下移动，但不能转动，测杆下端装有测头，上端用螺纹与挡帽相连。测量时提拉挡帽，把测杆抬起。

导杆和测杆连接，一端伸入导向槽中，防止测杆转动。拉力弹簧的一端挂在导杆上，另一端与表体相连。它是控制测量力的。

测杆的中部制有齿条，与小齿轮啮合。在齿轮 A 的轴上装有大齿轮。大齿轮与小齿轮啮合。在小齿轮的轴上装有百分表长指针。与小齿轮啮合的还有齿轮 B。齿轮 B 的轴上装有百分表短指针和盘形弹簧（游丝），盘形弹簧另一端与表体相连，以保证轮齿始终在同一齿侧面啮合，提高测量精度。

表体左端装有滚花表圈。刻度盘装在表圈中，表体右端装有后盖。

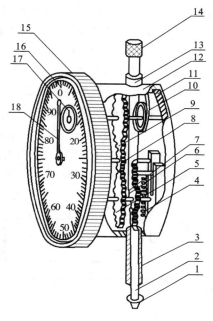

图 1-21　百分表的结构示意图

1—测头；2—测杆；3,13—套筒；
4—拉力弹簧；5—大齿轮；6—齿轮 A；
7—导杆；8—小齿轮；9—齿轮 B；
10—盘形弹簧；11—后盖；12—表体；
14—挡帽；15—滚花表圈；16—刻度盘；
17—百分表短指针；18—百分表长指针

2. 百分表的刻线原理和读数方法

由于测杆中部齿条的节距是 0.625 mm，故当它移动 10 mm 时，刚好走过 10/0.625＝16 个齿。这时与齿条啮合的小齿轮 Z_1（齿数 $Z_1 = 16$）正好转一圈。大齿轮 Z_2（齿数 $Z_2 = 100$）也随着转了一圈，即转过 100 个齿。而小齿轮 Z_3（齿数 $Z_3 = 10$）就转过 100/10 ＝10 圈。所以长指针也跟着转 10 圈。如果测杆移动 1 mm，则长指针就转一圈。在长指针指示的刻度盘上，均匀地刻有 100 个刻度。所以长指针转过一个刻度，测杆就移动 1/100＝0.01（mm）。

当小齿轮转 10 圈时，齿轮 Z_4（$Z_4 = 100$）正好转一圈，短指针也转一圈。在短指针指示的刻度盘上刻有 10 个等分圆周线，这样短指针每转一格，就表明长指针转了一圈，即测杆移动了 1 mm。

百分表的测量范围有 0～3 mm、0～5 mm 和 0～10 mm 三种。

百分表的读数方法是：先读短指针转过的刻度数，即毫米整数；再读长指针转过的刻度数，即毫米小数；最后将两个读数相加，即得测杆移动的数值。

3. 百分表的使用方法

（1）使用前,检查测杆移动是否灵活,即用手轻轻提起挡帽时,测杆不应有卡涩现象;每次放松后,指针都能返回原位。再把百分表、万能表架或磁性表座以及被测表面擦干净,然后把百分表牢靠地装到表架上,一定要放置平稳,以免摔坏百分表;装夹百分表时,不要用力过大,以免套筒变形而影响测杆移动的灵活性。

（2）用百分表进行相对（比较）测量时,为了读出负的偏差值,测量前应先使测杆有0.3～1 mm的压缩量。为了便于读数,测杆压缩后要转动表盘,将长指针调到零位。具体做法是:先将测头与被测表面接触,使指针转过适当压缩量,然后把表紧固住。转动表盘使指针对准零线,再轻轻提起、放松测杆几次。如指零位置稳定,即可开始测量。

（3）安装百分表时,测杆应垂直于被测表面,否则测量不准确。

（4）不要用百分表测量粗糙表面。当测头接近工件的沟槽处时,要提起挡帽,越过沟槽后,再放下挡帽继续测量。

（5）读数时,观看指针的视线要垂直于刻度盘表面。

4. 杠杆百分表及其应用

当测量空间比较小时,用百分表测量常有困难。这时用体积比较小的杠杆百分表就很方便了。在图1-22中,图(a)所示的是用杠杆百分表测量孔和外圆的同轴度,图(b)所示的则是测量槽面 A 和 B 与底面平面的平行度。

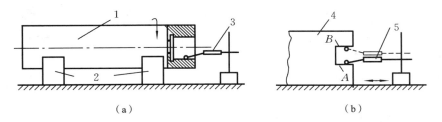

图 1-22　杠杆百分表测量示例

(a) 测量同轴度;(b) 测量平行度

1—工件1;2—V形块;3,5—杠杆式百分表;4—工件2

杠杆百分表又称为靠表,外形如图1-23(a)所示。杠杆百分表通过端部的圆柱柄夹紧在表架上。其内部传动如图1-23(b)所示,测杆的摆动通过杠杆使扇形齿轮摆动,带动齿轮和指针一同旋转;当测杆的测量头摆动 0.01 mm 时,指针正好转一小格,即读数值为 0.01 mm。国产杠杆百分表的测量范围为 ±0.4 mm。

（十一）万能游标量角器

万能游标量角器是用来测量工件内外角度的量具,按其测量精度分为 $2'$ 和 $5'$ 两种。现仅介绍测量精度为 $2'$ 的万能游标量角器。

1. 万能游标量角器的结构

如图1-24所示,万能游标量角器由刻有角度刻线的主尺和固定在扇形板上的游标(副尺)组成。扇形板可在主尺上移动,形成和游标卡尺相似的结构。角尺可用支架固定在扇形

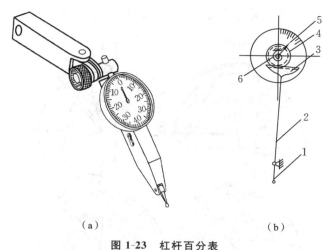

图 1-23　杠杆百分表

(a) 外形图；(b) 示意图

1—测杆；2—杠杆；3—扇形齿轮；4—齿轮；5—指针；6—轴

板上，直尺用支架固定在角尺上。如果拆下角尺，也可将直尺固定在扇形板上。

2. 万能量角器的刻线原理及读数

主尺刻线每格 1°，副尺刻线是将主尺上 29° 所占的弧长等分为 30 格，每格所对的角度为 $\frac{29°}{30}$，因此副尺 1 格与主尺 1 格相差：

$$1° - \frac{29°}{30} = \frac{1°}{30} = \frac{60'}{30} = 2'$$

即万能游标量角器的测量精度为 2′。

万能游标量角器的读数方法和游标卡尺相似，先从主尺上读出副尺零线前的整度数，再从副尺上读出角度"分"的数值，两者相加就是被测体的角度数值。

3. 万能游标量角器的使用方法

使用方法如图 1-25 所示。当角尺和直尺全装上时，可测量 0°～50° 的角度；仅装上直尺时，可测

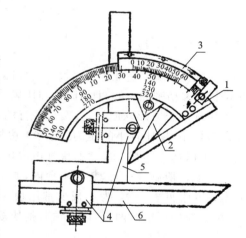

图 1-24　万能游标量角器

1—主尺；2—扇形板；3—游标；
4—支架；5—角尺；6—直尺

量 50°～140° 的角度；仅装上角尺时，可测量 140°～230° 的角度；把角尺和直尺全拆下时，可测量 230°～320° 的角度。

万能游标量角器主尺上的角度刻线只有 0°～90°，如果测量角度大于 90°，在读数时，就应加上一个数值（90°、180°、270°）。当角度为：

90°～180° 时，被测角度＝90°＋量角器读数；

180°～270° 时，被测角度＝180°＋量角器读数；

270°～320° 时，被测角度＝270°＋量角器读数。

从图 1-25 可以看出,万能游标量角器的测量范围是 0°～320°。

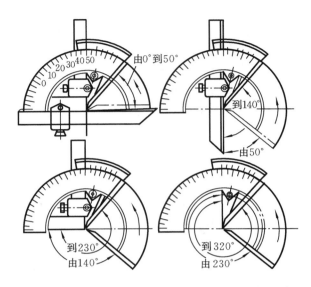

图 1-25　万能游标量角器的应用

(十二) 块 规

　　块规是机械制造业中长度尺寸的标准。块规可以对量具和量仪进行检验校正,也可用于精密机床和精密加工的调整,附件与块规并用还可以用于精密划线和测量高精度工件尺寸。

　　块规是长方形六面体,有两个平行的测量面,其尺寸误差极小。由于测量面的微观平面度误差极小,用比较小的压力,把两块块规的测量面互相推合后,就可牢固地粘合在一起。因此,可以把不同基本尺寸的块规组成块规组,得到需要的尺寸。

　　块规一般制成一套,装在木盒内,如图 1-26 所示。有 42 块一套和 87 块一套等几种,其基本尺寸参见表 1-3。为了减少常用块规的磨损,每套中都备有若干块保护块规。在使用时,可放在块规组的两端,以保护其他块规。

　　为了减少积累误差,选用块规时,组合的块数越少越好。用 87 块一套的块规,一般不超过四块;用 42 块一套的块规,一般不超过五块。在计算时,选取第一块应根据组合尺寸的最后一位数字选取,以后各块依次类推。例如,所需的尺寸为 48.245 mm,从 87 块一套的块规中选取:

$$
\begin{array}{lll}
& 48.245 & \text{组合尺寸} \\
- & 1.005 & \text{第一块尺寸} \\
\hline
& 47.24 & \\
- & 1.24 & \text{第二块尺寸} \\
\hline
& 46 & \\
- & 6 & \text{第三块尺寸} \\
\hline
& 40 & \text{第四块尺寸}
\end{array}
$$

即选用 1.005 mm、1.24 mm、6 mm、40 mm 共 4 块。

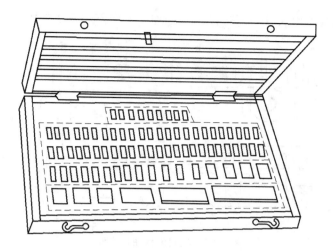

图 1-26 块规

表 1-3 成套块规

顺 序	块规基本尺寸/mm	间 距	块 数	备 注
1	1.005		1	护块
	1.01,1.02,…,1.49	0.01	49	
	1.6,1.7,1.8,1.9	0.1	4	
	0.5,1,…,9.5	0.5	19	
	10,20,…,100	10	10	
	1,1,1.5,1.5	0.5	4	
			共87块	
2	1.005		1	护块
	1.01,1.02,…,1.09	0.01	9	
	1.1,1.2,…,1.9	0.1	9	
	1,2,…,9	1	9	
	10,20,…,100	10	10	
	1,1,1.5,1.5	0.5	4	
			共42块	
3	1.001,1.002,…,1.009	0.001	9	
4	0.999,0.998,…,0.991	0.001	9	
5	0.5,1,1.5,2 各2块	0.5	8	
6	125,150,175,200,250,300,400,500,50,50		10	护块
7	600,700,800,900,1000	100	5	

利用附件和块规调整尺寸,测量外径、内径和高度的使用方法如图 1-27 所示。

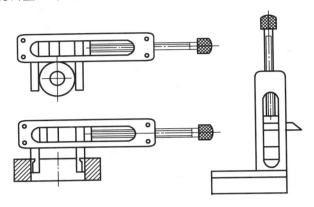

图 1-27　块规附件使用方法

(十三)极限量规

在成批生产时,经常使用极限量规。极限量规是一种专用量具,用它检验工件时,只能判断工件是否合格,不能量出实际尺寸。极限量规有卡规和塞规两种。

图 1-28　卡规及其应用

1. 卡规

卡规用来测量外径或其他外表面尺寸,形状如图 1-28 所示。卡规一端按被测工件的上极限尺寸制作,称为过端;另一端按被测工件的下极限尺寸制作,称为止端。用卡规检验工件时,如果过端通过,止端不能通过,则这个工件是合格的;否则,就不合格。

2. 塞规

塞规用来测量内径或其他内表面尺寸,形状及其使用如图 1-29 所示。塞规一端按被测工件的下极限尺寸制作,称为过端;另一端按被测工件的上极限尺寸制作,称为止端。用塞规检验工件时,如果过端通过,止端不能通过,则这个工件是合格的;否则,就不合格。塞规的过端较长,止端较短,以便于区分。

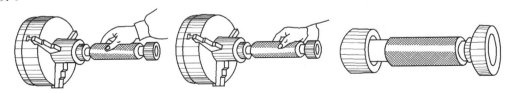

图 1-29　塞规及其使用

三、任务分析

(1) 了解各种量具的测量原理及其适用的场合。

（2）掌握各种量具的使用方法并能进行正确测量。

四、任务准备

以游标卡尺测量为例：游标卡尺，被测量的零件。

五、任务实施

（1）由教师示范如何测量长度、宽度、深度等尺寸，学生在测量过程中应学会如何控制卡尺的松紧度、卡爪与被测量面的相对位置，如何读出测量值等。

（2）由学生实践操作，测出规定的几个尺寸，体验整个测量过程。

任务三　量具的维护和保养

一、任务目标

了解量具维护和保养的各种方法。

二、背景知识

为了保持量具的精度，延长其使用寿命，对量具的维护保养是十分重要的。因此，应做到以下几点。

（1）测量前，应将量具的测量面和工件的被测量面擦净，以免脏物影响测量精度和加快量具磨损。

（2）不要把量具和工具、刀具、工件放在一起，以免碰坏。

（3）机床开动时，不要用量具测量工件，否则会加快量具磨损，而且容易发生事故。

（4）温度对量具精度影响很大。因此，量具不能放在热源（电炉、暖气片等）附近，以免受热变形。

（5）量具用完后，应及时擦净、涂油，放在专用盒中，保存在干燥处，以免生锈。

（6）精密量具应实行定期鉴定和保养。使用者发现精密量具有不正常现象时，应及时送交计量室检修。

三、任务分析

掌握维护和保养不同量具的方法。

四、任务准备

以游标卡尺测量为例:准备好游标卡尺、干净的抹布、专用的卡尺盒、黄油等。

五、任务实施

(1) 由教师示范擦拭游标卡尺的方法,包括擦拭的先后顺序,上油防止生锈的操作方法,放入专用的卡尺盒等。

(2) 由学生动手操作,擦拭卡尺的各个部位,上油后放入专用的盒子,体验整个保养过程。

学习情境二 划线方法

根据实物或图纸要求,在毛坯或半成品上划出加工界线或作为找正用的辅助线的操作,称为划线。划线分平面划线和立体划线两种。只需要在工件的一个表面上划线后就能明确表示加工界线的划线称为平面划线,如图2-1所示。在板料条料上划线、在盘状工件的端面上划钻孔加工线以及利用平面样板的划线等都属于平面划线。在工件几个互成不同角度(通常是互相垂直)的平面上都划线,才能明确表示加工界线的划线称为立体划线,如图2-2所示。如在箱体、支架、阀体等各表面划出的加工界线都属于立体划线。可见,平面划线与立体划线的区别,除了工件的形状不同以外,主要在于立体划线的操作要比平面划线的操作复杂得多。

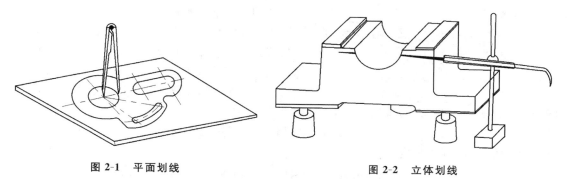

图 2-1　平面划线　　　　　　　　　　图 2-2　立体划线

平面划线只需要划一次,而立体划线往往要划多次,既可能在毛坯表面上进行,也可能在已加工过的表面上进行,考虑的有关因素也比平面划线的多得多。

任务一　平 面 划 线

一、任务目标

(1) 确定工件的加工余量、孔的位置等,使机械加工有明确的标志。

(2) 采用借料划线可以使误差不大的毛坯得到挽救,使加工后的零件仍能符合要求。

(3) 能够及时发现和处理不合格毛坯,避免加工后造成损失。

(4) 在机床上安装复杂工件,可以按划线找正定位。

二、背景知识

划线工作广泛地应用于单件或小批量生产中，划线是钳工应该掌握的一项重要操作。划线是加工的依据，所划出的线条除尺寸准确外，还应清晰均匀。但由于划出的线条总会有一定的宽度，使用划线工具和调整尺寸时难免产生误差，所以划线不可能绝对准确。一般划线精度只能达到 0.25～0.5 mm。当精度要求较高时，必须通过量具的检验才能保证零件的精度。

（一）划线工具

在划线工作中，为了尽量保证划线的准确性和使划线工作有较高的效率，必须了解和正确使用各种划线工具。

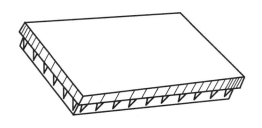

图 2-3　划线平板

1. 划线平板

如图 2-3 所示，划线平板是用来放置工件和划线工具的。一般由铸铁制成，工作表面经过精刨或刮削等精加工。

平板表面的平整程度直接影响划线的质量，为了长期保持平板表面的平整，应注意以下使用和保养规则。

（1）安装划线平板时，上表面要保持水平状态，以免倾斜后在重力的长期作用下发生变形。

（2）使用时要随时保持表面清洁，避免铁屑、灰砂等污物在划线工具或工件的拖动下划伤平板表面，影响划线精度。

（3）在平板上要轻放工件和工具，尤其要防止重物撞击平板和在平板上进行敲击工作，以免损伤平板表面。

（4）划线完毕要擦干净平板表面，并涂上机油，以防生锈。

2. 划针

如图 2-4 所示，划针是直接用来划线条的，常与钢尺、角尺或样板等导向工具一起使用。划针是用弹簧钢丝或高速钢制成的，直径为 3～6 mm，长度为 200～300 mm，尖端磨成15°～20°的尖角，并经淬火硬化，这样就不容易磨损变钝。也有的在划针尖端焊上一段硬质合金，这种划针能长期保持锋利。只有锋利的针尖才能划出准确清晰的线条。钢丝制成的划针用

（a）　　　　　　　　　　　　　　　（b）

图 2-4　划针

（a）弹簧钢丝划针；（b）高速钢划针

钝后重磨时,要经常浸入水中冷却,以防退火变软。

为保证划线尽量准确,使用划针时要注意以下几点。

(1)用划针划线时,针尖要紧靠导向工具的边缘,压紧导向工具,避免滑动而影响划线的准确性。

(2)划针的握法与用铅笔划线相似,上部向外侧倾斜约 $15°\sim20°$,向划线方向倾斜约 $45°\sim75°$,如图 2-5 所示。

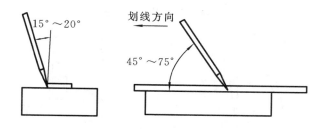

图 2-5　划针的用法

(3)用划针划线时要尽量做到一次划出,不要重复划线,否则线条变粗,模糊不清。

3. 划规

划规在划线工作中用处很多,可以划圆和圆弧、等分线段、等分角度以及量取尺寸等。

划规用中碳钢或工具钢制成,两脚尖端经过淬火硬化。如在两脚端部焊上一段硬质合金,则耐磨性更好。

钳工用的划规有普通划规、弹簧划规和大尺寸划规等几种,如图 2-6 所示。最常用的是普通划规,其结构简单,制造方便,适用范围广泛。

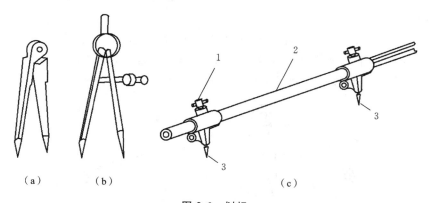

图 2-6　划规

(a)普通划规;(b)弹簧划规;(c)大尺寸划规

1—锁紧螺钉;2—滑杆;3—针尖

普通划规一般由钳工自己制作,其两脚铆合处的松紧应恰当:太松,则尺寸容易变动;太紧,则调节尺寸时费劲。划规的脚尖要经常保持锋利,以保证划出的线条清楚。

使用划规划圆时要注意以下两点。

(1)用划规划圆时,作为旋转中心的一脚应加以较大的压力,另一脚则以较轻的压力在工件表面上划出圆弧,这样可保证中心不致滑移。

（2）用划规划圆时,划规两尖脚要在所划圆周的同一平面上。如果两尖脚不在同一平面上,如图 2-7 所示,中心高于圆周平面,则应注意,划规两尖脚距离并不是所划圆半径 r;如使划线后保证所划圆半径为 r,则应把划规两脚尖距离调为 R,使 $R=\sqrt{h^2+r^2}$。其中,h 为两尖脚高低差的垂直距离,如图 2-7(a)所示。当 h 较大时,由于划规定心尖脚不能正确地顶在样冲眼中心,所以划出圆仍不够准确,必要时应仔细核对尺寸,直到划准为止。如果选用图 2-7(b)所示特殊划规来划,则既准确又方便。

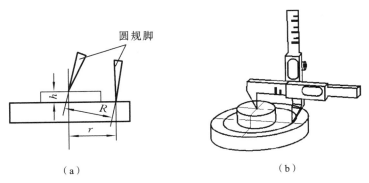

（a）　　　　　　　　　　（b）

图 2-7　在中心与圆周有高低的表面划圆

(a) 用普通划规;(b) 用特殊划规

4. 单脚规

单脚规可用来找圆形工件的中心,如图 2-8 所示。其使用方便,但是要注意单脚规的弯脚离工件端面的距离应保持每次都相同,否则所求中心会产生较大的偏差。

5. 划针盘

划针盘是用来划线或找正工件位置的,如图 2-9 所示,划针盘是由底座、立柱、划针和夹紧螺母等组成的。划针两端分为直头端和弯头端,直头端常用来划线,弯头端常用来找正工件的位置,例如找正工件表面与划线平台表面的平行等。

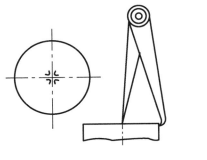

图 2-8　单脚规

图 2-9　划针盘

用划针盘划线时需注意以下几点。

（1）划线时,应使划针基本处于水平位置,不要倾斜太大。划针伸出的部分应尽量短些,这样划针的刚度较好,不易产生抖动。划针的夹紧也要可靠,以避免尺寸在划线过程中有变动。

（2）划针与工件的划线表面之间沿划线方向要倾斜一定角度,这样可以减少划线阻力和防止划针扎入粗糙表面。

（3）在划线过程中,要拖动划针盘底座时,应使它与平台台面紧紧接触,从而无摇晃或跳动现象。为使底座在划线时拖动方便,还要求底座与平台的接触面保持清洁,以减少阻力。

（4）划针盘使用完毕后,应使划针置于垂直状态,并使直头端向下,以防伤人和减少所占的空间位置。

6. 高度游标尺

高度游标尺（见图 1-16）是精密量具之一。它既能测量工件的高度,还附有划针脚,可做划线工具。与划针盘相比,不同的是,高度游标尺只适用于精密划线,其精度为 0.02 mm。

7. 角尺

角尺是钳工常用的测量工具（见图 1-9）。划线时,常用做划垂直线或平行线的导向工具,也可以用来找正工件在平台上的垂直位置。

8. 样冲

样冲是在已划好的线上冲眼用的工具,如图 2-10 所示,用以保存所划的线条。这样即使在搬运、安装工件过程中线条变模糊时,仍留有明显的标记。在使用划规划圆弧前,也要先用样冲在圆心上冲眼,作为划规定心脚的立脚点。

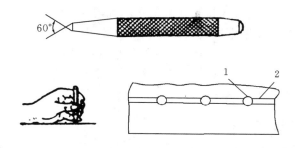

图 2-10　样冲

1—样冲眼；2—线条

用样冲冲眼时,要注意以下几点。

（1）要使样冲尖对准线条的正中,使样冲眼不偏离所划的线条。

（2）样冲眼间的距离可视线段长短而定。一般在直线线段上冲眼的距离可大些,在曲线线段上冲眼的距离可小些,而在线条的交叉或转折处则必须要冲眼。

（3）样冲眼的深浅要掌握适当:薄壁零件样冲眼要浅些,并应轻敲,以防零件变形;光滑表面样冲眼也要浅,甚至不冲眼;而粗糙的表面要冲得深些。

（4）中心线、找正线、装配对位标记线等辅助线,一般应打双样冲眼。

9. 各种支持用工具

（1）V 形铁。V 形铁用铸铁或碳钢制成,相邻各侧面互相垂直,V 形槽一般呈 90°或120°角,圆柱形工件放入 V 形槽后,必须保证其轴线与底面平行。它主要用来支承有圆柱表面的工件，以便用划针盘划出中心线或找出中心等，如图 2-11 所示。

在安放较长的圆形工件时，需要选用两个等高的 V 形铁，这样才能保证划线的准确性。

（2）方箱。方箱（见图 2-12）是用铸铁制成的一个空心立方体或长方体，相邻平面互相垂直，其上有 V 形槽和夹紧装置。V 形槽用于安放圆形工件，夹紧装置可把工件夹牢在方箱上，这样可翻转方箱，把工件上互相垂直的线条在一次安装中全部划出。

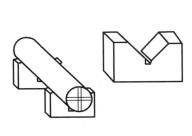

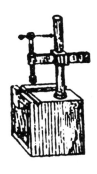

图 2-11　V 形铁　　　　　　　　图 2-12　方箱

（3）角铁。角铁分为直角铁和角度角铁，常用的是直角铁。它用铸铁制成，也是用来配合划线工作的，一般常与夹头、压板配合使用。它有两个互相垂直的平面。通过角尺对工件的垂直度进行找正后再用划针盘划线，可使所划线条与原来找正的直线或平面保持垂直，如图 2-13 所示。

（4）千斤顶。千斤顶是用来支持毛坯或形状不规则的划线工件的，并可调整高度，如图 2-14 所示。因为这些工件如果直接放在方箱或 V 形铁上，无法调整其高度，而利用三个为一组的千斤顶就可以方便地调整，直至工件各处的高低符合要求为止。

用千斤顶支持工件时，为保证工件稳定可靠，需注意以下几点：

① 三个千斤顶的支承点应尽量隔开。

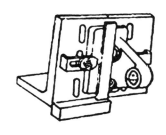

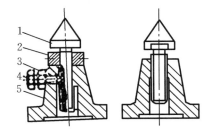

图 2-13　角铁及其应用　　　　　图 2-14　千斤顶
1—螺杆；2—螺母；3—锁紧螺母；4—螺钉；5—底座

② 一般在工件较重的部位放两个千斤顶，在较轻的部位放一个千斤顶。

③ 工件的支承点尽量不要选择在容易发生滑移的地方。必要时，须附加安全措施，如在工件上面用绳子吊住或在工件下面加辅助垫铁，以防工件滑倒。

（5）垫铁。垫铁是用于支撑和垫平工件的工具，它便于划线时找正。垫铁有平行垫铁、斜楔垫铁、V 形垫铁，如图 2-15 所示。垫铁一般用铸铁或碳钢制成。

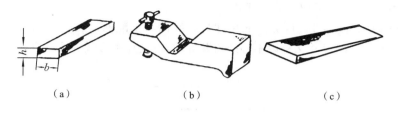

图 2-15　垫铁

(a) 平行垫铁；(b) V 形垫铁；(c) 斜楔垫铁

三、任务分析

（一）划线基准的选择

在工件上划线时，有很多线要划，一般应从划线基准开始。划线基准就是划线时用来确定零件其他点、线、面的基准。在零件图上用来确定其他点、线、面位置的基准，称为设计基准。

合理地选择划线基准是做好划线工作的关键。因此在选择划线基准时，应首先分析图纸，找出设计基准，使划线基准与设计基准尽量一致，以消除基准不一致所产生的积累误差。

由于划线时，每划一个方向的线条都需要确定一个基准，因此，平面划线时一般要选两个划线基准，而立体划线时一般要选择三个划线基准。

平面划线的两个基准一般可根据以下三种类型来选择。

1. 以两个互相垂直的平面（或线）为基准

如图 2-16 所示，该零件上有垂直和水平两个方向的尺寸。可以看出，这些尺寸都是依照工件下表面和右侧表面而确定的，因此就选择这两个平面为每一方向的划线基准。

2. 以两条中心线为基准

如图 2-17 所示，该零件上的尺寸是由两条主中心线确定的。因此就选择这两条中心线为该工件的划线基准。

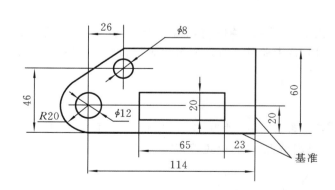

图 2-16　以两个互相垂直的平面为基准

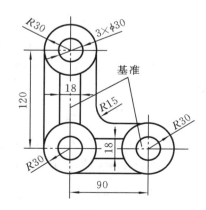

图 2-17　以两条中心线为基准

3. 以一个平面和一条中心线为基准

如图 2-18 所示,该零件高度方向的尺寸是以底面为基准的,应选择此底面为高度方向的划线基准。宽度方向的尺寸又是以中心线为基准的,故选择中心线为宽度方向的划线基准。

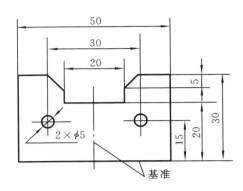

图 2-18　以一个平面和一条中心线为基准

(二)划线的步骤

(1)分析图纸,查明要划哪些线,明确划线部分的作用和要求,选定划线基准。

(2)检查毛坯的误差情况,清理工件并涂色。

(3)正确安放工件和选用工具。

(4)划线。先划基准线,再划其他直线,最后划圆、圆弧和斜线等。

(5)检查核对尺寸。

(6)打样冲眼。

四、任务准备

划线之前要做好各种准备工作。首先要看懂图纸和工艺文件,明确划线工作内容;其次要查看毛坯或半成品;然后将划线工具擦拭干净,摆放整齐,做好准备。

(一)工件的清理

在划线以前,锻件应先清理干净氧化皮、飞边等;铸件应先清理干净飞边、浇口,残留的型砂、污垢等;已加工工件应先清理干净切屑、毛刺等。否则将影响涂色和划线的质量,甚至损伤划线工具。

(二)工件的检查

对工件清理后要详细地进行检查,看是否有气孔、砂眼、裂纹、形状歪斜和尺寸不足等缺陷,并判断这些缺陷是否造成废品,由此决定是否划线,以免浪费加工工时。

(三)工件的涂色

为了使划出的线条清晰,一般都要在工件的划线部位涂上一层与工件颜色不同的涂料。

在铸、锻件毛坯上一般用石灰水。加入一些牛皮胶，增加附着力，效果更好。在已加工工件表面上，一般涂蓝油或硫酸铜溶液。无论使用哪一种涂料，都要尽可能涂得薄而均匀，这样才能保证线条清晰；若涂料涂得太厚，则容易脱落。

（四）在工件孔中装中心塞块

当划线需要借助孔的中心为基准时，应先找出孔的中心。为此，要在孔中装上中心塞块。对于不大的孔，通常用铅块敲入，较大的孔则可用木料或可调节的塞块，如图 2-19 所示。塞块要塞紧，保证在冲眼和工件搬动时不会松动，确保划线的准确性。

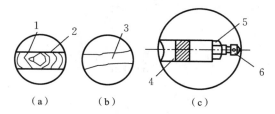

图 2-19　在孔中装中心塞块

（a）装木块；（b）装铅块；（c）装可调节塞块

1—木块；2—铝皮或铜皮；3—铅条；4—钢块；5—锁紧螺母；6—伸缩螺钉

五、任务实施

如图 2-20 所示为一划线样板，要求在板料上把全部线条划出，具体过程如下：分析图纸，首先确定以底边和右侧边为划线基准，把板料清理、矫平，涂硫酸铜溶液后开始划线。

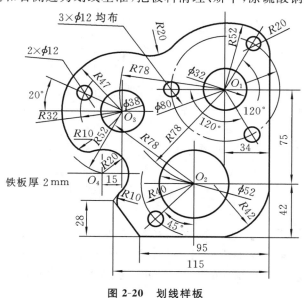

图 2-20　划线样板

（1）沿板料边缘划两条垂直的基准线。

（2）划尺寸为 42（单位：mm，下同）的水平线。

（3）划尺寸为 75 的水平线。

（4）划尺寸为 34 的垂直线，找到点 O_1。

（5）以点 O_1 为圆心、R78 为半径作弧，并截尺寸为 42 的水平线得点 O_2，并通过点 O_2 作垂线。

（6）分别以点 O_1、O_2 为圆心，以 R78 为半径作弧，相交得点 O_3，通过点 O_3 作水平线和垂直线。

（7）通过点 O_2 作 45°线，并以点 O_2 为圆心、R40 为半径截得小圆的圆心。

（8）通过点 O_3 作 20°线，并以点 O_3 为圆心、R32 为半径截得另一小圆圆心。

（9）划与点 O_3 的垂直中心线距离为 15 的垂线，并以点 O_3 为圆心、R52 为半径作弧截得点 O_4。

（10）划 28 尺寸界线。

（11）按尺寸 95 和 115 划出工件左下方的斜线。

（12）划出 $\phi32$、$\phi80$、$\phi52$、$\phi38$ 的圆周线。

（13）按图样位置把 $\phi80$ 圆周三等分。

（14）划出五个 $\phi12$ 圆周线。

（15）作 R20 圆弧与 R52、R47 的圆弧外切。

（16）作 R10 圆弧与 R47、R20 的圆弧内外切。

（17）作 R42 的圆弧与右下方两直线相切。

至此，全部线条划完。按图检查有无漏线、错线。在划线过程中，圆心找出后就应冲眼，以备使用划规划圆弧。检查无误后，再按规定冲样冲眼。

任务二　立体划线

一、任务目标

在工件几个表面上划线，明确表示加工界线。

二、背景知识

平面划线的许多知识都可以在立体划线中应用，但立体划线要比平面划线复杂。立体划线要求划线工对工件和加工工艺有充分的理解，明确加工的部位及其技术要求，同时还应该通过划线及时发现局部存在缺陷的毛坯，尽可能通过找正和借料加以利用，以减少生产中的废品。

一个工件的立体划线，往往因工序间的需要而重复多次。第一次划线，通常称为首次划线，以后各次划线，通常称为二次划线或三次划线。

立体划线要在工件长、宽、高三个方向都划线，一般选择三个划线基准。

三、任务分析

立体划线经常是对铸、锻件毛坯划线。铸、锻件毛坯由于种种原因造成形状歪斜、偏心、各部分壁厚不均匀等缺陷，当偏差不大时，可以通过划线找正和借料的方法来补救。

（一）找正

对于毛坯工件，在划线前一般都要先做好找正工作。找正就是利用划线工具（如划针盘、角尺、单脚规等），使工件上有关的毛坯表面处于合适的位置。找正的目的有如下几方面。

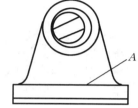

（1）当毛坯工件上有不加工表面时，通过找正后再划线，可使加工表面与不加工表面之间保持尺寸均匀。如图 2-21 所示的轴承架毛坯，由于内孔和外圆不同心，底面与上平面 A 不平行，在划内孔加工线之前，就先以不加工的外圆为找正依据，用单脚规找出其中心，然后按求出的中心划出内内孔加工线。这样，内孔与外圆就可达到同心的要求。

图 2-21　轴承架毛坯工件的找正

在划轴承座底面之前，同样应以不加工的上平面 A 为依据，用划针盘找正成水平位置，然后划出底面加工线。这样底座各处的厚度就比较均匀。

（2）当工件上有两个以上的不加工表面时，应选择其中面积较大、较重要的或外观质量要求较高的表面为主要找正依据，并兼顾其他较次要的不加工表面。从而使划线后的加工表面与不加工表面之间的尺寸，如壁厚、凸台的高低等都尽量均匀和符合要求，把无法弥补的误差（尚未超出允许范围）反映到较次要的或不甚醒目的部位上去。

（3）当毛坯上无不加工表面时，通过对各加工表面自身位置找正后再划线，可使各加工表面的加工余量得到合理而均匀的分布，而不致出现过于悬殊的状况。

由于毛坯各表面的误差和工件结构形状不同，划线时找正要按工件的实际情况进行。

（二）借料

当铸、锻件毛坯在形状、尺寸和位置上的误差缺陷用找正后的划线方法不能补救时，就要用借料的方法。借料就是通过试划和调整，使各个加工面的加工余量合理分配，互相借用，从而保证各个加工表面都有足够的加工余量，而误差和缺陷可在加工后排除。

要做好借料划线，首先要知道待划毛坯的误差程度，确定需要借料的大小和方向，这样才能提高划线效率。如果毛坯误差超出许可范围，就不能利用借料来弥补了。下面介绍借料过程。

图 2-22（a）所示为锻造的圆环毛坯，其内、外圆都要加工。如果毛坯形状比较准确，如图 2-22（b）所示，可以按图样尺寸划线，此时划线工作比较简单。如果锻造圆环的内、外圆偏心较大，划线就不是那样简单了。若按外圆找正划内孔加工线，则会发现内孔有个别部分的加

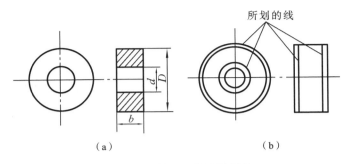

图 2-22　圆环工作图及划线

(a) 零件；(b) 毛坯

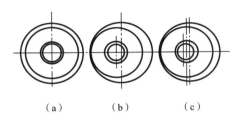

图 2-23　圆环划线的借料

(a) 按外圆找正；(b) 按内孔找正；

(c) 兼顾内孔、外圆找正

工余量不够，如图 2-23(a)所示。若按内圆找正划外圆加工线，则会发现外圆个别部分的加工余量不够，如图 2-23(b)所示。只有在内孔和外圆都兼顾的情况下，适当地将圆心选在锻造毛坯的内孔圆心和外圆圆心之间的一个适当的位置上划线，才能使内孔和外圆都保证有足够的加工余量，如图 2-23(c)所示。这就说明通过划线借料，使有误差的毛坯仍能很好地利用。当然，误差太大时，则无法补救。

图 2-24 所示的齿轮箱体，是一个铸造毛坯。由于铸造加工误差，使孔 A、孔 B 两孔的中心距由图样规定的 150 mm 缩小为 144 mm，孔 A 向东偏移 6 mm。按照一般正常情况的划法，因为凸台的外圆 $\phi 125$ mm 是不加工的，为了保证两孔加工后与其外圆同心，首先就应以两孔的凸台外圆为找正依据，分别找出它们的中心，并保证两孔中心距为 150 mm，然后划出两孔的圆周尺寸 $\phi 75 H7$。

但是，现在因孔 A 偏心过多，按上述一般方法划出的孔 A 便没有足够的加工余量了，如图 2-24(a)所示。

这时，如果采用借料的方法划线，即将孔 A 中心向左借过 3 mm，孔 B 中心向右借过 3 mm，这时再划两孔中心线和内孔圆周加工线就可使得两孔都能分配到适当的加工余量，从而使毛坯得以利用，如图 2-24(b)所示。当然，这样就能把孔 A 的误差平均反映到孔 A、孔 B 两孔的凸台外圆上。所以，划线结果会使凸台外圆与内孔产生偏心。但偏心程度并不显著，对外观质量影响也不大，一般能符合零件质量的要求。

应该指出，划线时的找正和借料这两项工作是密切结合进行的。例如图 2-24 所示的齿轮箱体，除了要划孔 A、孔 B 两孔的加工线外，毛坯其他部位还有许多线需要划。如划底面加工线时，因为平面 C 也是不加工表面，为了保证此表面与底面之间的厚度 25 mm 在各处都均匀，划线时也要先以面 C 为依据进行找正。而且在对面 C 找正时，还必然会影响到孔 A、孔 B 两孔的中心高低，可能还要进行高低方向的借料。因此，找正和借料必须相互兼顾，使各方面都满足要求，如果只考虑一方面，忽略其他方面，都是做不好划线工作的。

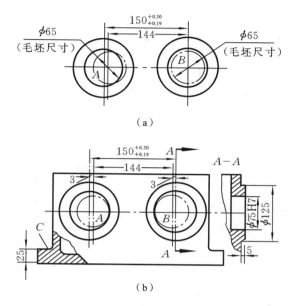

（a）

（b）

图 2-24 齿轮箱体划线

（a）以凸台为基准划线；（b）兼顾两孔加工余量划线

四、任务准备

同平面划线一样，划线之前要做好各种准备工作。首先要看懂图纸和工艺文件，明确划线工作内容，弄清需要经过几次划线，哪几个面先划，哪几个面需要加工之后才能划；其次要查看毛坯或半成品；然后将划线工具擦拭干净，摆放整齐，做好准备。

五、任务实施

（一）轴承的划线

图 2-25 为轴承座零件图，下面以此为例来说明立体划线的方法。

首先分析图样，找出此轴承座需要加工的部位有底面、轴承座内孔、两个螺钉孔，以及上平面和两个大端面。这些加工部位的线条都需划出。需要划线的尺寸共有三个方向，所以工件要经过三次安装才能划完所有线条。

再确定划线基准为轴承座内孔的两个中心平面Ⅰ—Ⅰ和Ⅱ—Ⅱ，以及两个螺钉孔的中心平面Ⅲ—Ⅲ，如图 2-26、图 2-27、图 2-28 所示。

然后将轴承座毛坯清理、涂色（涂色也可在将毛坯安装后进行）后开始划线。

首次划线应先划底面加工线，如图 2-26 所示。因为这一方向的划线工作将影响到主要部位的找正和借料。先划这一方向的尺寸线可以正确地找正工件的位置和尽早了解毛坯的误差情况，以便进行必要的借料，否则会产生返工现象。

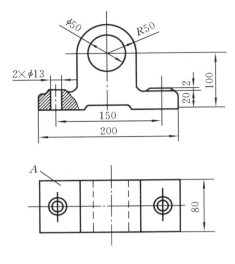

图 2-25　轴承座

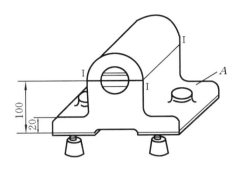

图 2-26　首次划线

　　先确定 $\phi50$ 轴承座内孔和 $R50$ 外轮廓的中心。由于外轮廓是不加工的,并直接影响外观质量,所以应以 $R50$ 外圆为找正依据求出中心。即先在装好中心塞块的孔的两端用单脚规或划规求出中心,然后用划规试划 $\phi50$ 圆周线,视内孔四周是否有足够的加工余量。如果内孔与外轮廓偏心过多,就要作适当的借料,即移动所求中心位置。此时内孔与外轮廓的壁厚稍不均匀,只要在允许的范围内,则还是许可的。

　　用三只千斤顶支承轴承座底面,调整千斤顶高度,并用划针盘找正,使两端孔中心初步调整到同一高度。与此同时,由于平面 A 也是不加工面,因此使面 A 尽量达到水平位置。当两端孔中心要保持同一高度,面 A 又要保持水平位置,两者发生矛盾时,就要兼顾两方面进行处理。因为轴承座内孔的壁厚和底座边缘厚度都比较重要,也都明显地影响外观质量,所以将毛坯误差适当地分配于这两个部位。必要时,还应对已找出的轴承座内孔的中心重新调整,即借料,直至这两个部位都达到满意的结果为止。

　　接着,用划针盘试划底面加工线,如果四周加工余量不够,还要重新借料,把中心调高,到最后确定不需要再变动时,就可以在中心点上打样冲眼,划出基准线Ⅰ—Ⅰ和底面加工线。两个螺钉孔的上平面加工线可先不划,只要有一定的加工余量,在加工时再控制尺寸也不困难。

　　划Ⅰ—Ⅰ基准线和底面加工线时,工件的四周都要划到,以备下次其他方向划线和在机床上加工时作找正位置用。

　　第二次应划两螺钉孔的中心线,如图 2-27 所示。因为这个方向的位置已由轴承座内孔的两端中心和已划的底面加工线确定。将工件翻转到图示要求位置,用千斤顶支持,通过千斤顶的调整和划针盘的找正,使轴承座内孔两端的中心处于同一高度,同时用角尺按已划出的底面加工线找正到垂直位置。这样,工件第二次安装位置已正确。

　　接着,就可以划Ⅱ—Ⅱ基准线了。然后再根据尺寸要求划出两个螺钉孔的中心线。这一方向的尺寸线也全部划好。两螺钉孔的中心线不需要在工件的四周都划出,因为已有主要的Ⅱ—Ⅱ基准线在四周划好,也可作为下次安装找正的依据。

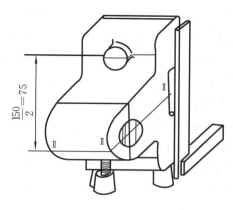

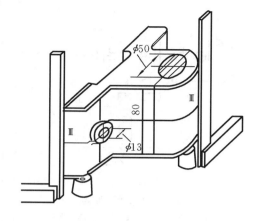

图 2-27　第二次划线　　　　　　　　　图 2-28　第三次划线

　　第三次是最后划出两个大端面的加工线,如图 2-28 所示。将工件再翻转到图示位置,用千斤顶支持工件,通过千斤顶的调整和角尺的找正,分别使底面加工线Ⅱ—Ⅱ中心线处于垂直位置。这样,工件第三次安装位置已确定。

　　接着,以两个螺钉孔的中心为依据试划两大端面的加工线。如两面的加工余量有偏差过大或一面不够的情况时,可适当调整螺钉孔中心,适当借料。最后即可划出 Ⅲ—Ⅲ 基准线和两个大端面的加工线。此时,第三个方向的尺寸线也全部划出。

　　最后,用划规划出轴承座内孔和两个螺钉孔的圆周尺寸线。

　　经检查无误、无漏线后,在所有线条上都打上样冲眼,至此划线完毕。

(二) 利用分度头划线

　　分度头是一种较准确的等分角度的工具。钳工在划线时,常用分度头对工件进行分度划线。分度头的外形如图 2-29 所示。

　　分度头的主轴上装有三爪卡盘,用来夹持工件。划线时,把分度头放在划线平板上,配合划针盘或高度划线尺,即可进行分度划线。利用它可在工件上划出水平线、垂直线、倾斜线和圆的等分线或不等分线。

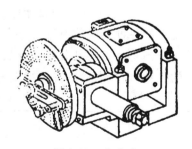

图 2-29　分度头

　　分度头的主要规格是以主轴中心线到底面的高度表示的。例如 FW125,即万能分度头,主轴中心线到底面的高度为 125 mm。一般常用的分度头有 FW100、FW125、FW160 等几种。

1. 分度头的传动原理

　　分度头传动原理如图 2-30 所示。蜗轮是 40 齿,蜗杆是单头蜗杆。齿轮 B_1、B_2 是齿数相同的两个直齿圆柱齿轮。工件装在装有蜗轮的主轴上,当拔出手柄插销,转动分度手柄、绕心轴转一周时,通过圆柱直齿齿轮 B_1、B_2 即可带动蜗杆旋转一周。而使蜗轮转动 1/40 周,即工件转动 1/40 周。分度盘与套筒和圆锥齿轮 A_2 相连,空套在心轴上,圆锥齿轮 A_1、

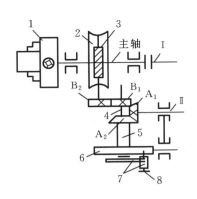

图 2-30　分度头传动原理

1—主轴；2—蜗轮；3—蜗杆；4—心轴；5—套筒；
6—分度盘；7—分度手柄；8—手柄插销

A_2，轴Ⅱ等是用作差动分度的。分度盘上有几圈不同数目的等分小孔，就利用这些小孔，根据计算出的结果，选择合适的等分数的小孔，将手柄依次转过一定的转数和孔数，使工件转过相应的角度就可对工件进行分度与划线。

2. 简单分度法

用这种方法分度时，分度盘固定不动，利用分度头心轴上的手柄转动，经过蜗轮蜗杆传动进行分度。由于蜗轮蜗杆的传动比是 1/40，因此在工件完成每一等分时，分度头手柄应转过的转数 n 可由下式确定。

$$n = \frac{40}{Z}$$

式中　n——工件转过每一等分时分度头手柄应转过的转数；

　　　Z——工件的等分数。

例 2-1　要在工件的某圆周上划出均匀分布的 10 个孔，试问：每划完一个孔的位置后，手柄应转过多少转？

解　根据公式 $n = \dfrac{40}{Z} = \dfrac{40}{10} = 4$。

每划完一个孔的位置后，手柄应转过 4 转，使工件进行分度，再划另一孔，依此类推。

有时，由于工件等分数计算出来的手柄转数 n 不是整数，就要利用分度盘，根据分度盘上现有的各种孔眼数目进行分度，表 2-1 为分度盘的孔数。具体方法是，把计算出来的手柄转数 n 不是整数的部分化为分数，把分子、分母同时扩大倍数，使它的分母数为分度盘某圈上的孔数，而扩大后的分子数就是手柄转过整数圈后所需转过的孔数。

表 2-1　分度盘的孔数

分度头类型	分度盘的孔数
带一块分度盘	正面：24、25、28、30、34、37、38、39、41、42、43； 反面：46、47、49、51、53、54、57、58、59、62、66
带二块分度盘	第一块正面：24、25、28、30、34、37； 　　　　反面：38、39、41、42、43； 第二块正面：46、47、49、51、53、54； 　　　　反面：57、58、59、62、66
带三块分度盘	第一块：15、16、17、18、19、20； 第二块：21、23、27、29、31、33； 第三块：37、39、41、43、47、49

例 2-2 要把某圆周分成 15 等份,利用分度头如何分度 ?

解 根据公式

$$n=\frac{40}{Z}=\frac{40}{15}=2\frac{2}{3}=2\frac{20}{30}$$

手柄在分度盘中有 30 个孔的一圈上转过 2 转后,再转过 20 个孔,划一等分线,以后各等分线依此类推。

3. 分度头的维护与保养

(1) 分度头的精度和使用寿命主要取决于它的维护保养程度。在使用和搬运过程中,严禁敲打冲击,以保持分度头的精度。

(2) 由于分度头的润滑点大部分采用标准外露油杯,因此在使用前必须在各润滑点注入清洁的 20 号机油。当使用差动分度法时,交换齿轮的齿面和轴套孔等转动部位,都应注入适量的润滑油。

(3) 当分度头使用一段时间后,蜗轮副必然有一定磨损,从而产生间隙,影响使用精度。此时可按照分度头说明书正确调整蜗轮副的啮合间隙。

4. 分度时的注意事项

(1) 为了保证分度准确,分度手柄每次转动必须按同一方向。

(2) 当分度手柄将转到预定孔位时,注意不要让它转过了头,定位销要刚好插入孔内。如发现已转过了头,则必须反向转过半圈左右后再重新转到预定的孔位。

(3) 在使用分度头时,每次分度前必须先松开分度头侧面的主轴紧固手柄,分度头主轴才能自由转动。分度完毕后仍要紧固主轴,以防主轴在划线过程中松动。

学习情境三　錾削加工

　　錾削(或称凿削)是用手锤敲击錾子(或称凿子)对工件进行切削加工的一种方法。它是一种原始的、古老的切削加工方法,主要用于不便于机械加工的场合。它的工作范围主要是去除毛坯上的凸缘、毛刺,分割材料,錾削平面及油槽等。錾削是钳工工作中一项重要的基本操作,通过錾削工作的锻炼,可以掌握正确有力的锤击技能,为矫正、弯形、装拆机械设备等技能打下扎实的基础。

一、任务目标

　　(1) 掌握錾子和锤子的握法及锤击方法。
　　(2) 掌握錾削的动作要领并达到正确、协调、自然。
　　(3) 掌握錾削时的安全知识和文明生产要求。

二、背景知识

(一) 錾削工具

　　錾削时所用的工具主要是錾子和手锤。

1. 錾子

　　錾子一般用碳素工具钢锻成,长度约 170 mm。切削部分应刃磨成楔形,并经热处理使其硬度达到 56~62HRC。

　　錾子由头部、柄部及切削部分三部分组成,如图 3-1 所示。头部做成圆锥形,顶端略带球面形,以便锤击时作用力容易通过錾子轴心线,使錾子保持平稳。柄部是手握的部分,其截面一般呈八棱形,以防止錾削时錾子转动。根据切削部分锻造和刃磨的形状不同,可制成不同的錾子。

　　(1) 錾子的种类。

　　常用的錾子有以下三种。

　　① 扁錾,如图 3-1(a)所示,切削部分扁平,刃口略带弧形,主要用来錾削平面、去毛刺和分割板料等。

　　② 尖錾,如图 3-1(b)所示,切削刃比较短,切削部分的两侧面从切削刃到柄部是逐渐狭小的,以防錾槽时两侧面被卡住,主要用于錾槽和分割曲线形板料。

　　③ 油槽錾,如图 3-1(c)所示,切削刃很短,并呈圆弧形,主要用于錾切油槽。为了能在

对开式滑动轴承孔壁上鏨削油槽,切削部分需要做成弯曲形状。

(2) 鏨削切削原理。

图 3-2 所示为鏨削平面时的情况。鏨子的切削部分由前刀面(切屑流出的表面)、后刀面(已加工表面所对的表面)以及它们的交线形成的切削刃组成。

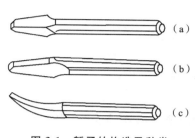

图 3-1　鏨子的构造及种类
(a) 扁鏨;(b) 尖鏨;(c) 油槽鏨

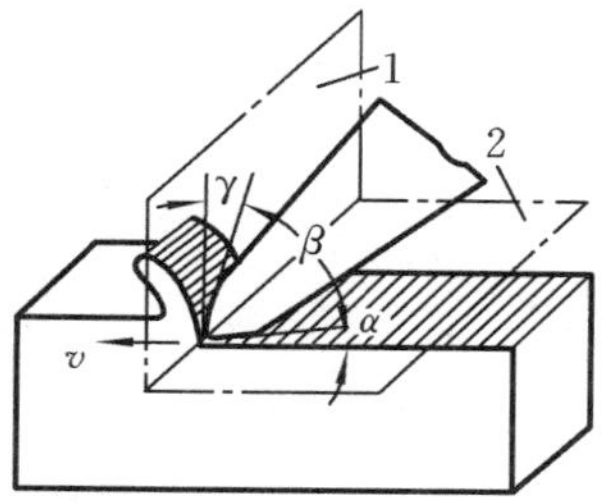

图 3-2　鏨削平面时的切削角度
1—基面;2—切削平面

鏨子鏨削时的几何角度主要有以下三个。

① 楔角 β。前刀面与后刀面之间的夹角称为楔角。楔角的大小对鏨削有直接影响,一般楔角越小,鏨削越省力。但楔角过小,会造成刃口强度差,容易折损;而楔角过大时,鏨削阻力大,鏨削表面也不易平整。所以选择楔角时,应在保证足够强度的前提下,尽量取较小的数值。通常根据工件材料软硬不同,选取不同的楔角数值:鏨削硬钢或铸铁等硬材料时,楔角取 $60°\sim70°$;鏨削一般钢料和中等硬度材料时,楔角取 $50°\sim60°$;鏨削铜、铝等软材料时,楔角取 $30°\sim50°$。

② 后角 α。鏨削时的后角是鏨子后刀面与切削平面(通过切削刃上任一点的切线和该点切削速度方向的平面)之间的夹角。它的大小取决于鏨子被掌握的方向,通过改变后角的大小可以改变鏨子后刀面与切削表面之间的摩擦力,引导鏨子顺利鏨切。一般鏨切时后角取 $5°\sim8°$,后角太大会使鏨子切入过深,鏨切困难;后角太小造成鏨子滑出工件表面,不能切入。

③ 前角 γ。鏨削时的前角是鏨子前刀面与基面(通过切削刃上任意一点与该点切削速度方向垂直的平面)之间的夹角。其作用是减小鏨切时切屑变形,使切削轻快。前角愈大,切削愈省力。当后角 α 一定时,要使前角增大,就要减小楔角,因为 $\gamma=90°-(\alpha+\beta)$,这将减小切削部分的强度。因此,前角不能任意增大,必须兼顾楔角的大小,这样才能保证切削部分的强度。

(3) 鏨子的刃磨。

鏨子切削部分刃磨的好坏,直接影响鏨削的质量和效率,一般刃磨时应注意下列事项。

① 切削刃要与鏨子的几何中心线垂直,楔角应被鏨子中心线所等分。扁鏨刃口可略带弧形;尖鏨刃口与被鏨槽宽相等,两个侧面间厚度应从切削刃起向柄部逐渐变窄。

② 前刀面和后刀面要光滑、平整。

鏨子楔角的刃磨方法如图 3-3 所示,双手握鏨在旋转着的砂轮轮缘上进行刃磨。注意:必须使切削刃高于砂轮中心,鏨子在砂轮全宽上左右移动,并随时调整鏨子的方向、位置,以

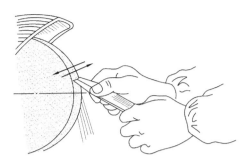

图3-3　錾子的刃磨

保证磨出所需要的准确楔角。

刃磨时加在錾子上的压力不宜过大，左右移动时要平稳、均匀，并需随时蘸水冷却，以防退火软化。

（4）錾子热处理。

刃磨好的錾子还需通过热处理使刃口部分获得所需的硬度和一定的韧度。一般情况下，由钳工凭实践经验对錾子进行热处理，它包括淬火和回火两个过程。

2. 手锤

手锤是钳工常用的敲击工具，錾削、矫正和弯曲、铆接和装拆零件等都要用锤子来敲击。它由锤头、木柄和楔子组成，如图3-4所示。手锤的规格以锤头的质量表示，有0.25 kg、0.5 kg和1 kg等几种。锤头用碳素工具钢制成，两个端部经热处理淬硬。木柄用比较坚韧的木材制成，常用的0.5 kg手锤柄长约350 mm。装木柄的孔做成椭圆形，且两端（孔口）大、中间小。木柄装入锤孔后，应用楔子楔紧，以防锤头脱落。

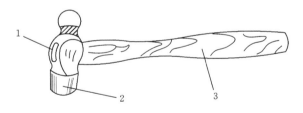

图3-4　手锤
1—斜楔铁；2—锤头；3—木柄

三、任务分析

（一）废品分析

錾削的精度较低，一般情况下，都留有一定的精加工余量，所以废品率不高，常见的废品有以下几种。

（1）錾过了尺寸界线。

（2）工件夹持不当，受錾削力后夹持面损坏。

（3）錾削表面过分粗糙，下道工序无法去除錾削痕迹。

（4）工件棱角、棱边崩裂或缺损。

以上几种情况主要是由操作不认真或未充分掌握錾切工作的动作要领导致的。

（二）錾削安全技术

为了保证錾削工作的安全，操作时应注意以下几方面。

（1）要防止錾削的切屑飞出伤人，同时操作者要戴上防护眼镜。

（2）发现手锤木柄有松动或损坏时，要立即装牢或更换。

（3）錾子头部有明显的毛刺时要及时磨掉，避免碎裂伤人。

（4）錾子要经常刃磨锋利；过钝的錾子錾切，敲击费力，錾面粗糙，容易"打滑"伤人。

四、任务准备

（一）握錾的方法

握錾的方法因工作条件不同而不同，一般不能握得太紧，否则手将受到很大的振动。图 3-5 中介绍了三种握錾方法。常用的是正握法，如图 3-5（a）所示，錾子主要用左手的中指、无名指和小指握住，食指和大拇指自然伸开，錾子头部伸出约 20 mm。反握法时手心向上，手指自然握住錾子，手掌悬空，如图 3-5（b）所示。立握法时五指的前部自然握住錾子，手掌悬空，錾子呈垂直状态，如图 3-5（c）所示。

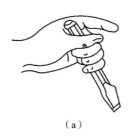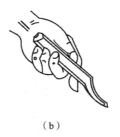

（a）　　　　　　　　（b）　　　　　　　　（c）

图 3-5　握錾方法

（a）正握法；（b）反握法；（c）立握法

正面錾削、大面积强力錾削等，大都采用正握法。在铁砧上錾断材料时，用立握法。侧面錾切、剔毛刺及使用较短小的錾子时，用反握法。

（二）握锤与挥锤

1. 手锤握法

右手握锤，常用的方法有紧握法和松握法两种。

（1）紧握法。图 3-6 所示为紧握法，右手五指紧握锤柄，大拇指合在食指上，虎口对准锤头方向，柄端露出 15～30 mm。在挥锤及锤击过程中，五指始终握紧。

（2）松握法。图 3-7 所示为松握法，只有大拇指和食指始终握紧锤柄。在挥锤时，小指、无名指、中指则依次放松；在锤击时，又以相反次序收拢握紧。这样握锤手不易疲劳，锤击力量也大。

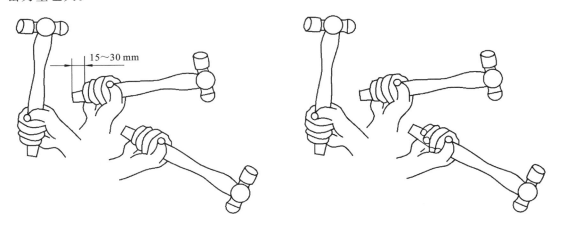

图 3-6　手锤紧握法　　　　　　　　　图 3-7　手锤松握法

2. 挥锤方法

图 3-8 所示为三种挥锤方法。

（1）腕挥，仅用手腕的动作进行锤击运动，采用紧握法握锤。一般用于錾削力较小或錾削开始和结尾时。图 3-8（a）所示为腕挥。

（2）肘挥，用手腕与肘部一起挥锤做锤击运动，如图 3-8（b）所示。肘挥采用松握法握锤。因挥动幅度较大，故锤击力也较大，应用广泛。

（3）臂挥，用手腕、肘和全臂一起挥动，如图 3-8（c）所示。因其锤击力最大，多用于强力錾切。

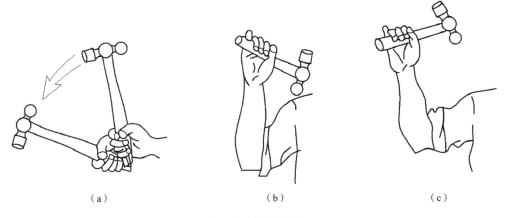

（a）　　　　　　　　　　（b）　　　　　　　　　　（c）

图 3-8　挥锤方法
（a）腕挥；（b）肘挥；（c）臂挥

（三）錾切姿势

錾切时正确的站立位置如图 3-9 所示。左脚超前半步，身体略向前倾，膝盖关节稍微弯曲,右脚站稳伸直,身体重心略偏于后脚,视线要落在工件的切削部位上。

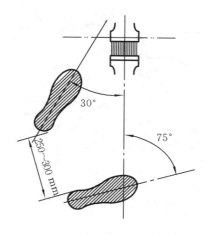

图 3-9 錾切时站位

五、任务实施

(一)錾断

1. 錾切薄板料

当板料厚度在 2 mm 以下时,錾断方法如图 3-10 所示。将板料夹持在台虎钳上,使切断线与钳口平齐。用扁錾斜对工件,约成 45°角,从右向左沿着钳口錾切。不能正对着板料錾切,否则会使切断面不平整或产生撕裂现象,另外工件一定要夹牢。

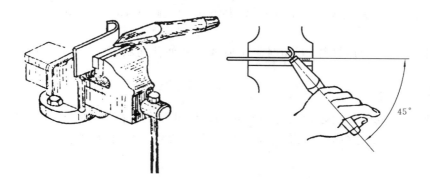

图 3-10 錾切薄板料

2. 錾切大尺寸板料或曲线轮廓板料

此时可在铁砧上进行,板料下面要垫上软垫铁,以免损坏錾子刃口,图 3-11 所示为用扁錾在铁砧上錾切板料的情况。

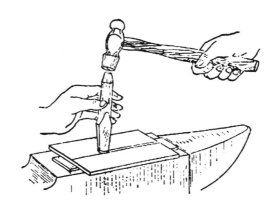

图 3-11 錾切大尺寸板料

用扁錾在铁砧上錾切材料时,錾子切削刃应磨成适当的圆弧形,以便于錾痕连接齐整、圆滑。图 3-12(a)、(b)所示为两种刃形对錾切效果的影响。

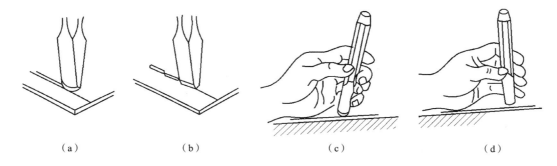

　　　(a)　　　　　　　　(b)　　　　　　　　(c)　　　　　　　　(d)

图 3-12 錾切板料的方法
(a)圆弧刃錾痕齐整;(b)平刃錾痕错位;(c)开錾时倾斜;(d)逐步放垂直

錾切时,应由前向后排錾,开始时錾子应放斜些似剪切状,然后逐步放垂直,如图 3-12 (c)、(d)所示。

3. 錾切较厚板料

当錾切 2~4 mm 的较厚钢板时,若形体简单,可以在板料的正反两面先錾出凹痕,然后敲断;如果被錾切工件形状较复杂,应先按轮廓线钻出密集的排孔,然后用錾子逐步錾断。

(二)平面錾切

1. 用扁錾錾削窄平面

图 3-13 所示为用扁錾錾削窄平面的情况。由于扁錾的刃口宽度大于被錾削平面的宽度,錾子的切削刃最好与錾削前进方向倾斜一个角度,使切削刃与工件有较多的接触面,錾子就容易掌握稳定,不致因左右摇晃而造成錾削表面高低不平。

2. 錾削较大平面

如图 3-14 所示，錾削大平面时，由于切削面的宽度大于錾子切削刃的宽度，所以应先用尖錾开槽，其间隔为扁錾刃口的 $\frac{3}{4}$；然后将扁錾斜成 30°，錾去凸出部分，以获得整个錾削平面。

3. 起錾

錾削平面时，应采用斜角起錾方法。起錾时，錾子应尽可能放在工件边缘尖角处，并将錾子放成一α角，如图 3-15(a) 所示。先錾出一个斜面，然后按正常的錾削角度进行錾削。

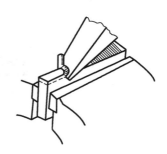

图 3-13 錾削窄平面

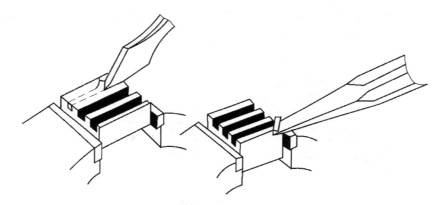

图 3-14 錾削大平面方法

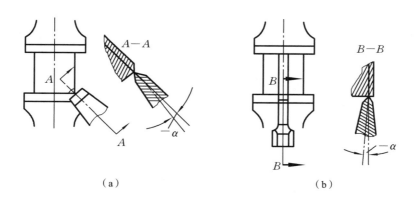

（a） （b）

图 3-15 起錾方法

（a）斜角起錾；（b）正面起錾

如果不允许从尖角处起錾（如錾削沟槽），则必须采用正面起錾，即将全部刃口贴住錾削部位端面，如图 3-15(b) 所示，也需錾出一个斜面，然后按正常角度錾削。

4. 尽头錾法

当錾削接近尽头约 15 mm 时应调头錾去余下的部分，如图 3-16(b) 所示，否则錾至尽头处就会崩裂，如图 3-16(a) 所示。錾削铸铁和青铜等脆性材料时，更要注意。

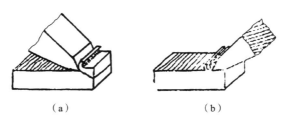

（a）　　　　　　　　　　　　（b）

图 3-16　尽头錾法

（三）錾削油槽

图 3-17 所示为錾削油槽的情形。根据油槽的断面形状,把油槽錾的切削部分刃磨准确,然后在工件上划好线,錾削时錾子随工件形状不断地改变方位,以保持錾削后角不变,使油槽光滑和深浅均匀。必要时可进行一定的修整,錾好后还要把槽边上的毛刺修光。

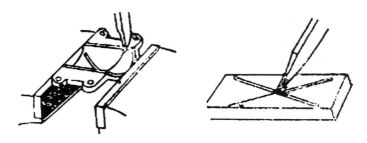

图 3-17　錾削油槽

学习情境四 锯割加工

用锯把材料分割成几个部分或在工件上锯槽称为锯割,分机械锯割和手工锯割两种。锯割的工作范围包括锯断各种原材料或半成品,锯掉工件上的多余部分或在工件上锯槽等。

一、任务目标

(1) 了解锯割加工的方法及应用范围。

(2) 掌握锯割加工的操作技能。

二、背景知识

手锯由锯弓和锯条两部分组成。

(一) 锯弓

锯弓是用于安装和张紧锯条的,有固定式和可调节式两种,如图 4-1 所示。

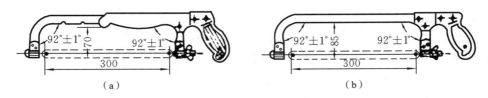

图 4-1 锯弓的种类

(a) 可调节式;(b) 固定式

固定式锯弓只能安装一种长度的锯条。可调节式锯弓的弓架分成前后两段,前段套在后段内,可以伸缩,能安装几种不同长度的锯条,应用较广泛。

两种锯弓的两端都装有固定夹头与活动夹头,与锯弓的方孔配合。夹头上面的圆销用来安装锯条。旋转活动夹头上的蝶形螺母,可以调整锯条的松紧。

(二) 锯条

锯条一般用渗碳软钢冷轧而成,也有用碳素工具钢或合金钢制成的,并经热处理淬硬。锯条的长度以两端安装孔的中心距来表示,常用的为 300 mm,宽度为 10～25 mm,厚为 0.6～1.25 mm。

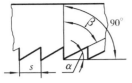

图 4-2 锯齿的切削角度

1. 锯齿的切削角度

前角 $\gamma=0°$、后角 $\alpha=40°$、楔角 $\beta=50°$,如图 4-2 所示。

2. 锯齿粗细

锯齿粗细是以锯条每 25 mm 长度内的齿数来表示的。一般分粗、中、细三种,如表 4-1 所示。

表 4-1 锯齿的粗细规格及应用

锯 齿 粗 细	每 25 mm 长度内齿数	应 用
粗	14~18	锯割软钢、黄铜、铝、铸铁、紫铜、人造胶质材料
中	22~24	锯割中等硬度钢、厚壁的钢管、铜管
细	32	锯割薄片金属、薄壁管子
细变中	32~20	一般工厂中用,易于起锯

选择粗细合适的锯条是保证锯割质量和效率的重要条件。选择锯齿粗细的主要依据是工件的硬度、厚度及切面的形状等。软而厚或切面大的工件用粗齿锯条,因为软的材料、厚的材料或较大的切面,在锯割时锯屑较多,要求有较大的容屑空间才不致发生切屑堵塞的情况;硬而切面较小的工件应用细齿锯条,因为锯硬材料时,锯齿不易切入,锯屑量少,另外同时参加切削的齿数多,切削阻力就小,锯齿不容易被磨损;锯割薄板和薄壁管子时,必须用细齿锯条,保证在锯割截面上有两个以上的锯齿同时参加锯割。否则因齿距大于板厚,会使锯齿被钩住而崩断。

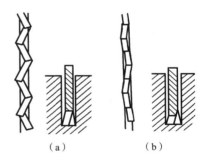

图 4-3 锯齿的排列

(a) 交叉式;(b) 波浪式

3. 锯路

为了减小锯缝两侧对锯条的摩擦力,防止夹锯,减少锯条的磨损,在制作锯条时,将锯齿有规律地向左、右扳斜,形成了锯齿的不同排列形式,称为锯路。常见的锯路有交叉式和波浪式等,如图 4-3 所示。

三、任务分析

(一)锯条损坏

1. 锯条折断的原因

(1)锯条装得过松或过紧。

(2)工件未夹紧,锯割时工件有松动。

(3)锯割压力过大,或锯割用力突然偏离锯缝方向,或强行纠正歪斜的锯缝。

(4)锯割行程太短,局部磨损,突然拉长使用,会造成锯条卡住而引起折断。更换新锯条后,仍按原锯缝过猛锯下也易造成锯条折断。

（5）工件锯断时没有及时掌握好，使手锯与台虎钳等相撞。

2. 锯齿崩断的原因

（1）锯薄板和薄壁管子时，没有选用细齿锯条。

（2）起锯时角度过大或采用近起锯时用力过大。

（3）锯割时，突然摆动过大，锯齿受到猛烈的撞击。

（4）突然碰到砂眼、杂质。

当发现锯齿崩断，应立即停锯处理。其方法是：把和断齿相邻的两三个齿在砂轮上磨成圆弧，并清除锯缝中的断齿。否则，邻近的锯齿就会相继崩掉。

3. 锯齿过早磨损的原因

（1）锯削速度太快，使锯条发热过度。

（2）锯削较硬材料时没有冷却润滑措施。

（二）锯割废品分析

（1）锯缝歪斜过多，超出要求范围。

（2）起锯时把工件表面锯坏。

（3）尺寸锯得过小。

（三）锯割的安全技术

（1）要防止锯条折断时从锯弓上弹出伤人。因此要注意工件将要锯断时，压力要减小，锯条松紧要适当以及不能突然猛力锯割等。

（2）要防止工件被锯下部分落下砸脚。一般工件将被锯断时，要用左手扶住要断开的部分。

四、任务准备

（一）锯条的安装

安装锯条如图 4-4（a）所示，注意使齿尖朝向前推方向。手锯是在向前推进时进行切削的，向后返回时不起切削作用，因此锯条安装时要保证锯齿的方向正确。如果装反了，则锯齿前角变为负值，切削很困难，不能正常锯割。

锯条松紧用蝶形螺母调整，松紧程度应适当，太紧使锯条受力太大，在锯削中稍有卡阻而受到弯折时，就很容易崩断；太松则锯削时锯条容易扭曲、摆动，使锯缝歪斜，锯条也容易被折断。

锯条装好后应检查是否歪斜，装好的锯条应与锯弓保持在同一中心平面内，这对保证锯缝正直和防止锯条折断都有好处。

（二）握锯

握锯的方法是用右手满握锯柄，左手扶在锯弓前端，如图 4-5 所示。

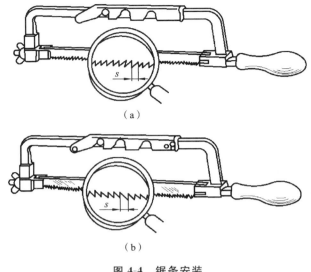

图 4-4　锯条安装

（a）正确；（b）错误

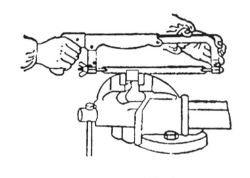

图 4-5　手锯的握法

（三）锯割要领

锯割时的站立姿势与錾削基本相同，仅两脚距离稍近。

推锯时身体上部稍向前倾，给手锯以适当的压力而完成切削。拉锯时不切削，应将锯稍微提起，以减少锯齿的磨损。推锯时推力和压力均由右手控制，左手几乎不加压力，主要起扶正锯弓的作用。

锯割时，锯弓运动方式有直线运动和摆动式运动两种。一般采用小幅度的上下摆动式运动，即推锯时，双手随着压向手锯的同时，左手上翘、右手下压；回程时右手上抬，左手自然跟回。当锯割薄形工件和锯缝底面要求平直的锯割时，必须采用直线运动。

（四）起锯

起锯是锯割的开始，起锯好坏，直接影响锯割质量。起锯的方式有远起锯（见图 4-6（a））和近起锯（见图 4-6（b））两种，一般以远起锯较好，因为此时锯齿是逐渐切入材料的，锯齿不易被卡住，起锯平稳；如果采用近起锯方式，则掌握不好时，会因锯齿突然切入较深，锯条容易被工件棱边卡住甚至被崩断。

起锯时，左手拇指靠住锯条，使锯条能锯在所需要的位置上，行程要短、压力要小、速度要慢。起锯角度为 15° 左右，不宜太大或太小。太大，起锯不易平稳；太小，则由于锯条与工件同时接触的齿数较多，反而不易切入材料，使起锯次数增多，锯缝发生偏离，工件表面被锯

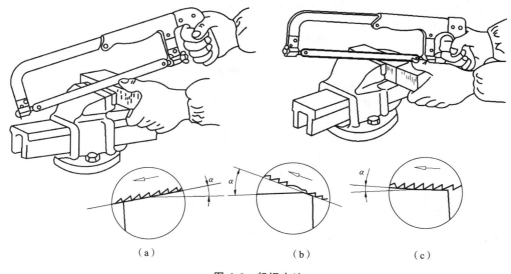

图 4-6　起锯方法

（a）远起锯；（b）近起锯；（c）起锯角太小

出多道锯痕，从而影响表面质量。

（五）锯割行程和速度

锯割时应尽量利用锯条的全部长度。行程过短，局部磨损加快，锯条寿命降低。甚至会因局部磨损，锯缝变窄，造成锯条卡死和折断。一般锯割行程不应小于锯条全长的 2/3。锯削速度以每分钟往返 20～40 次为宜。锯割软材料可以快些，锯割硬材料应该慢些。速度过快，锯条发热严重，容易磨损。必要时可加水、乳化液或机油进行冷却润滑，以减轻锯条的发热磨损。速度过慢，则工作效率太低。

五、任务实施

锯割时工件要夹牢，注意防止将工件夹变形。工件尽量夹在台虎钳的左侧，以方便操作，并使锯缝距离钳口左侧 20 mm 左右，锯缝线与钳口侧面平行。

（一）锯割扁钢

应从扁钢宽面下锯，以减小锯缝深度，使锯口整齐，锯条不易卡住，如图 4-7 所示。

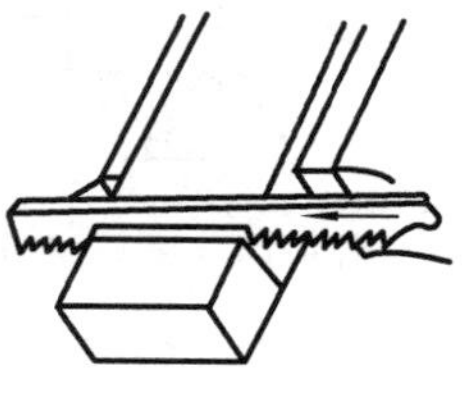

（二）锯割管子

锯割薄壁管子和经精加工的管子，应夹在有 V 形槽的两个木衬垫之间，如图 4-8（a）所示，以防将管子夹扁夹坏。

锯割薄壁管子时，不可一次从上到下锯断，如图 4-8（c）所示。应在管子内壁被锯断时，

图 4-7　锯割扁钢

将管子向推锯方向转动一个角度,锯条仍连接原锯缝,再锯到管子内壁处。如此锯锯转转,直到锯断为止,如图 4-8(b)所示。

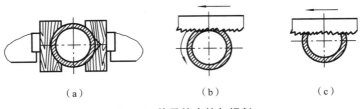

图 4-8 管子的夹持与锯割
(a) 管子夹持;(b) 转位锯割;(c) 错误锯法

(三) 锯割型钢

槽钢和角钢的锯法与扁钢锯法一样,由宽面下锯,应不断改变工件夹持方位,如图 4-9 所示。

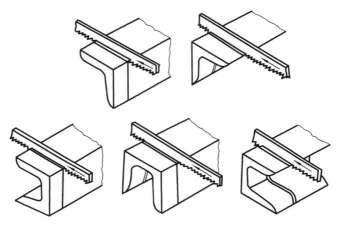

图 4-9 型钢的锯法

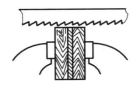

图 4-10 锯割薄板料

(四) 锯割薄板

锯割薄板时,可将薄板夹在两块木板之间,如图 4-10 所示,连同木板一起锯下去。这样可避免锯齿被钩住,同时也增加了薄板的刚度,使锯割时不会颤动。另一种方法是把薄板料夹在台虎钳上,用手锯进行横向斜推锯,可使锯齿与薄板料接触的齿数增多,避免锯齿崩裂。

(五) 深缝锯割

当锯缝的深度达到锯弓的高度时(见图 4-11(a)),锯弓就会与工件相碰,这时,应将锯弓转过 90° 重新安装,使锯弓转到工件的旁边(见图 4-11(b)),平握锯柄进行锯割。当锯弓横过来,锯弓高度仍不够时,可将锯条安装成锯齿朝向锯弓进行锯割,如图 4-11(c)所示。

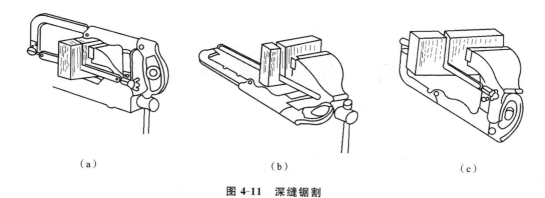

（a）　　　　　　　　　　　　（b）　　　　　　　　　　　（c）

图 4-11　深缝锯割

（a）锯缝深度达到锯弓高度；（b）锯弓转到工件旁边；（c）锯齿朝向锯弓

学习情境五　锉削加工

用锉刀对工件进行切削加工的方法称为锉削。锉削的工作范围较广,可以对各种形状工件的内外表面(如平面、台阶面、角度面、曲面、沟槽面和各种形状的孔)进行加工,并可达到一定的加工精度。在现代生产条件下,仍有一些不便和不能用机床加工的场合需要用锉削来完成。例如,装配过程中对个别零件的最后修整;维修工作中或在单件、小批生产条件下,对某些形状较复杂的相配零件的加工,以及手工去毛刺、倒圆和倒钝锐边等。锉削技能的高低,往往是衡量一个钳工技能水平高低的重要标志之一。因此,钳工必须掌握好这项重要的基本功。

一、任务目标

掌握锉削加工的各种方法并能熟练进行加工。

二、背景知识

1. 锉刀的构造

锉刀用高碳工具钢 T13A、T12A 或 T13、T12 制成,并经热处理淬硬(62～67HRC)。锉刀的各部分名称如图 5-1 所示,其大小用工作部分的长度表示。锉刀的锉齿多是在剁齿机上剁出来的,其形状和切削角度如图 5-2 所示。由于切削角大于 $90°$,所以,锉削呈负前角的刮削状态。

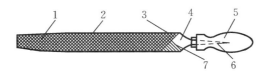

图 5-1　锉刀各部名称

1—锉刀面;2—锉刀边;3—底齿;4—锉刀尾;5—木柄;6—舌;7—面齿

2. 锉刀的分类、规格及用途

(1)锉刀按齿纹分有单齿纹锉刀和双齿纹锉刀。单齿纹锉刀的齿纹是按一个方向排列的,适用于锉削铝、锡等软金属。双齿纹锉刀的齿纹是按两个方向交叉排列的,先剁出的浅齿纹称为底齿,后剁出的深齿纹称为面齿,底齿纹和面齿纹与锉刀中心线的夹角不同,以保证锉齿排列不平行于锉刀中心线,这样,锉削时锉痕不会重叠,锉出的表面比较光滑,适用于

图 5-2　锉齿角度

锉削钢、铸铁等硬金属。由于双齿纹锉刀的齿纹刃是间断的,形成了许多小齿,能使切屑折断,锉刀面不易被锉屑堵塞,所以锉削时省力,应用广泛。

　　(2) 锉刀按锉齿的粗细分为粗齿锉、中齿锉、细齿锉和油光锉。粗齿锉的齿距为 2～0.8 mm,用于粗加工或锉软金属;中齿锉的齿距为 0.8～0.4 mm,用于半精加工;细齿锉的齿距为 0.4～0.25 mm,用于钢和铸铁的精加工;油光锉的齿距为 0.25～0.16 mm,用于精加工时修光表面。

　　(3) 锉刀按其用途不同可分为普通锉、特种锉和整形锉三类。普通锉按断面形状分为平锉(板锉)、方锉、三角锉、半圆锉和圆锉等五种(见图 5-3)。平锉用于锉削平面、台阶面、外圆弧面和凸弧面,方锉用于锉削平面和方孔,三角锉用于锉削平面、方孔及 60°以上的锐角,圆锉用于锉削凹圆弧面和圆孔,半圆锉用于锉削平面、凸圆弧面和大圆孔。锉削特殊表面用的锉刀称为特种锉,锉削精密、小型零件(如样板、冲模等)用的锉刀称为整形锉(又称为什锦锉或组锉)。图 5-4 所示的是整形锉的各种形状。整形锉有每组 5 支、6 支、8 支、10 支或 12 支等几种。

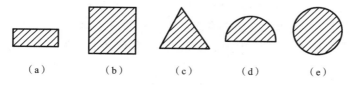

　　　　　(a)　　　　　(b)　　　　　(c)　　　　　(d)　　　　　(e)

图 5-3　普通锉刀断面形状

(a) 平锉;(b) 方锉;(c) 三角锉;(d) 半圆锉;(e) 圆锉

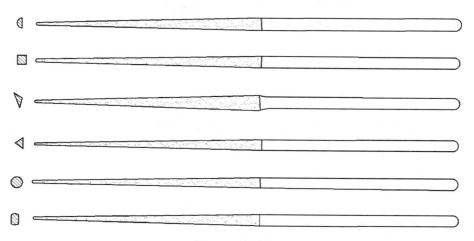

图 5-4　整形锉

此外,锉刀还可以按长度分类。如 300 mm(约 12 英寸)、250 mm(约 10 英寸)、200 mm(约 8 英寸)、150 mm(约 6 英寸)等。

锉刀规格是用锉刀长度、锉齿粗细及断面形状表示的。如 300 mm 粗板锉表示锉刀长度为 300 mm、断面形状为长方形的粗齿锉刀。

3. 锉刀的保养

合理使用和保养锉刀可以延长锉刀的使用寿命,否则将过早地损坏。为此,必须注意下列使用和保养规则。

(1) 不可用锉刀来锉毛坯的硬皮及工件上经过淬硬的表面。

(2) 锉刀应先用一面,用钝后再用另一面。因为用过的锉齿比较容易锈蚀,两面同时都用,则总的使用期缩短。

(3) 锉刀每次使用完毕后,应用锉刷刷去锉纹中的残留切屑,以免加快锉刀锈蚀。

(4) 锉刀放置时不能与其他金属硬物相碰,锉刀与锉刀不能互相重叠堆放,以免锉齿损坏。

(5) 防止锉刀沾水、沾油。

(6) 不能把锉刀当作装拆、敲击或撬动的工具。

(7) 使用整形锉时用力不可过猛,以免折断。

三、任务分析

锉削主要用来修整已经机械加工的工件,并且常作为最后一道精加工工序,一旦失误则前功尽弃,损失较大。为此钳工必须具有高度的工作责任心,牢固树立"质量第一"的观念,注意研究锉削废品的形式和产生的原因。锉削时产生废品的原因主要有以下几种。

(一) 工件夹坏

(1) 加工过的表面被台虎钳钳口夹出伤痕。其原因大多是台虎钳钳口未加保护衬垫。有时虽有衬垫,如果工件材料较软而夹紧力过大,也会使表面夹坏。

(2) 工件被夹变形,其原因是夹紧力太大或直接用台虎钳钳口夹紧而变形,对薄壁工件尤要注意。

(二) 尺寸和形状不准确

锉削时尺寸和形状尚未准确,而加工余量却没有了,可能是因为划线不准或锉削时测量有误差,也可能是因为锉削量过大又没及时检查所致。此外,操作技术不高或采用中凹的再生锉刀,也会造成锉削的平面有中凸的弊病。锉削角度面时,如果不细心,就可能把已锉好的相邻面锉坏。

(三) 表面不光

由于表面不光而造成废品的原因有以下几种。

(1) 锉刀粗细选择不当。

（2）粗锉时刀痕太深，以致在精锉时也无法去除。

（3）铁屑嵌在锉纹中未及时清除而把工件表面拉毛。

防止锉削废品的措施有：夹紧力要适当，正确地选择锉刀，锉削时要勤查看、勤测量。

四、任务准备

（一）锉刀柄的装卸

锉刀应装好柄后才能使用，以便于握锉和用力（什锦锉除外）。柄的木料要坚韧，并用铁箍套在柄上，以防破裂。锉刀柄安装孔的深度约等于锉刀尾的长度，孔的大小以能使锉刀尾自由插入 1/2 为宜，然后按图 5-5（a）所示的方法，先用左手扶柄，用右手将锉刀尾插入锉柄内，放开左手，用右手把锉刀柄的下端垂直地镦紧，镦入长度约等于锉刀尾的 3/4。

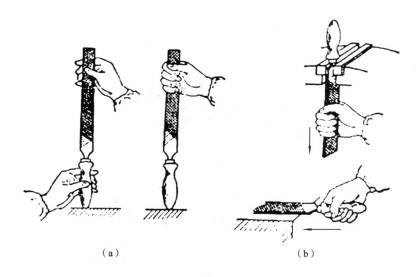

（a）　　　　　　　　　　　　　（b）

图 5-5　锉刀柄的装卸

（a）装；（b）拆

卸锉刀柄可在台虎钳上或钳台上进行，如图 5-5（b）所示。在台虎钳上卸锉刀柄时，将锉刀柄搁在台虎钳钳口中间，用力向下镦拉出来。在钳台上卸锉刀柄时，把锉刀柄向台边略用力撞击，利用惯性作用使它脱开。

（二）锉刀的握法

锉刀的种类很多，因它的大小不同，使用的地方不同，所以锉刀的握法也有几种。如图 5-6（a）所示的是较大锉刀的握法，右手心抵着锉刀柄的端头，大拇指放在锉刀柄的上面，其余四指放在下面配合大拇指捏住锉刀柄。左手掌部鱼际肌压在锉刀尖上面，拇指自然伸直，其余四指弯向手心，用食指、中指捏住锉刀前端。图 5-6（b）所示的是中型锉刀的握法，右手握法和上面一样，左手只需要大拇指和食指捏住锉刀的前端。图 5-6（c）所示的是较小锉刀的握法,用左手的几个手指压在锉刀的中部,右手食指伸直而且靠在锉刀边。图 5-6(d)所示的是整形锉的握法,一般只用一只手拿着锉刀,食指放在上面,拇指放在左侧。

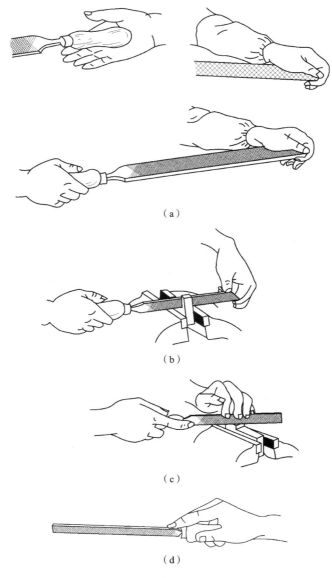

(a)

(b)

(c)

(d)

图 5-6 锉刀的握法
(a) 大锉刀的握法;(b) 中型锉刀的握法;(c) 小锉刀的握法;(d) 整形锉的握法

(三) 锉削姿势和要领

采用正确的锉削姿势和动作,能减少疲劳,提高工作效率,保证锉削质量。只有勤学苦练,才能逐步掌握这项技能。

锉削姿势与使用的锉刀大小有关,用大锉锉平面时,正确姿势如下。

1. 站立姿势（位置）

两脚立正，面向台虎钳，站在台虎钳中心线左侧，与台虎钳的距离按大小臂垂直、端平锉刀、锉刀尖部能搭放在工件上来掌握。然后迈出左脚，迈出距离从右脚尖到左脚跟约等锉刀长，左脚与台虎钳中线约成 30°角，右脚与台虎钳中线约成 75°角，如图 5-7 所示。

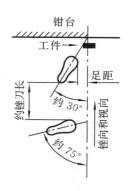

图 5-7　锉削时足的位置

2. 锉削姿势

锉削时如图 5-8 所示，左腿弯曲，右腿伸直，身体重心落在左脚上。两脚始终站稳不动，靠左腿的屈伸作往复运动。手臂和身体的运动要互相配合。锉削时，要使锉刀的全长充分利用。

开始锉时，身体要向前倾斜 10°左右，左肘弯曲，右肘向后，但不可太大，如图 5-8(a)所示。锉刀推到 1/3 时，身体向前倾斜 15°左右，左腿稍弯曲，左肘稍直，右臂前推，如图 5-8(b)所示。锉刀继续推到 2/3 时，身体逐渐倾斜到 18°左右，使左腿继续弯曲，左肘渐直，右臂向前推进，如图 5-8(c)所示。锉刀继续向前推，把锉刀全长推尽，身体随着锉刀的反作用退回到 15°位置，如图 5-8(d)所示。推锉终止时，身体恢复原来位置，不给锉刀压力或略提起锉刀把它拉回。

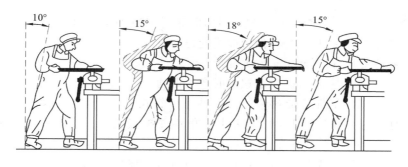

图 5-8　锉削时的姿势

（四）锉削力的运用和锉削速度

锉削时，锉刀的平直运动是锉削的关键。要锉出平整的平面，必须保持锉刀的平直运动。平直运动是靠在锉削过程中随时调整两手的压力来达到的，其方法如下。

锉削开始时，左手压力大，右手压力小，如图 5-9(a)所示。随锉刀前推，左手压力逐渐减小，右手压力逐渐增大，到中间时，两手压力相等，如图 5-9(b)所示。到最后阶段时，左手压力减小，右手压力增大，如图 5-9(c)所示。退回时不加压力，如图 5-9(d)所示。

锉削时压力不能太大，否则会折断锉刀（小锉），但也不能太小，以免打滑。实践证明，在前推时，发出一种"唰唰"的响声，手上有一种韧性感觉为适合。锉削速度不可太快，太快容易疲劳和加速锉刀齿的磨钝；速度太慢，效率不高；一般按每分钟 30～60 次为宜。推出时稍慢，回程时稍快，动作要自然协调。

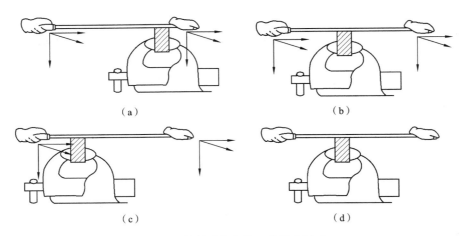

图 5-9　锉削过程中锉刀的平直运动

五、任务实施

(一) 工件的装夹

工件装夹得正确与否,直接影响锉削质量,因此,装夹工件要符合下列要求。

(1) 工件最好夹持在钳口中间,使台虎钳受力均匀。

(2) 工件夹持要紧,但不能把工件夹变形。

(3) 工件伸出钳口不宜过高,以防锉削时产生振动。

(4) 夹持不规则的工件应加衬垫。薄工件可以钉在木板上,再将木板夹在虎钳上进行锉削;锉大而薄的工件边缘时,可用两块三角块或夹板夹紧,再将其夹在虎钳上进行锉削。

(5) 夹持已加工面和精密工件时,应使用软钳口(由铝和紫铜制成),以免夹伤表面。

(二) 平面的锉法

1. 顺向锉法

顺向锉(见图 5-10)是最普通的锉削方法。不大的平面和最后锉光都用这种方法,它可得到正直的刀痕。

2. 交叉锉法

交叉锉(见图 5-11)时锉刀与工件的接触面较大,锉刀容易掌握平稳。同时从刀痕上可以判断出锉削面的高低情况,所以容易把平面锉平。为了使刀痕变为正直,平面锉削完成前应改用顺向锉法。

不管是采用顺向锉法还是交叉锉法,为了使整个平面能均匀地锉到,一般应在每次抽回锉刀时向旁边略做移动(见图 5-12)。

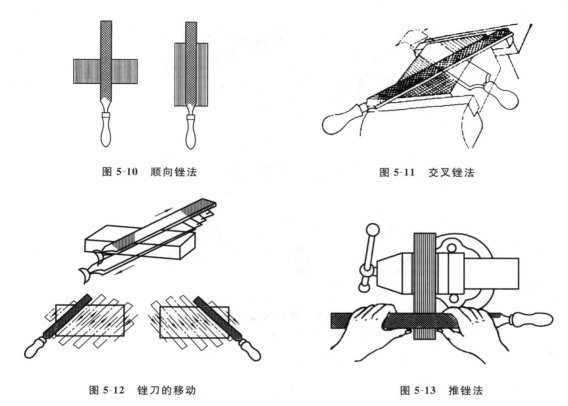

图 5-10　顺向锉法　　　　　　　　　　　图 5-11　交叉锉法

图 5-12　锉刀的移动　　　　　　　　　　图 5-13　推锉法

3. 推锉法

推锉法(见图 5-13)一般用来锉削狭长平面,也可用在用顺向锉法而锉刀运动有阻碍的场合。推锉法不能充分发挥手的力量,锉齿切削效率也不高,故只适用于加工余量较小的场合。

(三) 圆弧面的锉法

1. 凸圆弧面的锉法

锉凸圆弧面一般采用顺向滚锉法(见图 5-14(a)),在锉刀做前进运动的同时,还绕工件圆弧的中心摆动,摆动时右手把锉刀柄部往下压,而左手把锉刀前端向上提,这样锉出的圆弧面不会出现带棱边的现象。但这种方法不易发挥力量,锉削效率不高,故适用于加工余量较小的场合。

当加工余量较大时,可采用横向滚锉法(见图 5-14(b))。由于锉刀直线推进,力量便于发挥,故效率较高。当粗锉成多棱形后,再用顺向滚锉法精锉成圆弧。

2. 凹圆弧面的锉法

锉凹圆弧面时锉刀要同时完成以下三个运动(见图 5-15):前进运动,向左(或向右)移动(约半个到一个锉刀直径),绕锉刀中心线转动(顺时针或逆时针方向转动约 90°)。

如果只有前进运动,锉出的凹圆弧就不正确(见图 5-15(a));如果只有前进运动和向左(或向右)移动,凹圆弧也锉不好。因为锉刀在圆弧面上的位置不断改变,若锉刀不转动,手的压力方向就不易随锉削部位的改变而改变,切削不顺利(见图 5-15(b))。只有三个运动

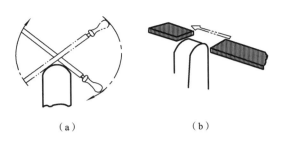

图 5-14 凸圆弧面的锉法

（a）滚挫法；（b）横向挫法

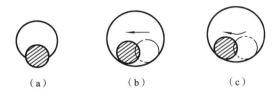

图 5-15 凹圆弧面的锉法

（a）前进运动；（b）向左移动；（c）绕中心线转动

同时进行，才能锉好凹圆弧面（见图 5-15(c)）。

（四）球面的锉法

锉圆柱端部球面的方法是：锉刀在做凸圆弧面顺向滚锉法动作的同时，还要绕球面的中心和周向做摆动（见图 5-16）。

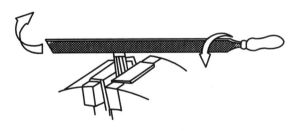

图 5-16 球面的锉法

（五）直角面的锉法

锉内外直角面不仅要使平面锉平，而且要使两直角面保证一定的垂直度要求，现以图 5-17 所示的工件为例说明其锉削方法。

简要起见，只说明 A、B、C、D 四个面的锉削方法（工件已经粗加工，其余各面假定都已加工过）。

（1）检查各部分尺寸、垂直度和平行度的误差情况，合理分配各面的加工余量。

（2）锉平面 A 至平面度与表面粗糙度达到图样要求。不允许在未达要求前就急于去锉

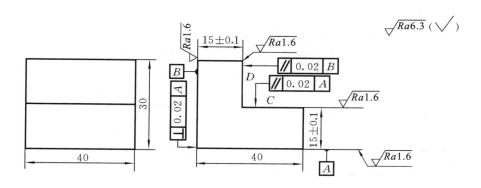

图 5-17　直角形工件

其他平面。

（3）锉平面 B 至平面度、表面粗糙度和垂直度达到图样要求。

垂直度误差可用 90°角尺以透光法检验。检验时将 90°角尺的短边紧靠平面 A，长边靠在平面 B 上透光检验（见图 5-18）。如果平面 B 与平面 A 垂直，则 90°角尺长边与平面 D 之间透过的光线是微弱的且在全长上是均匀的。如果不垂直，则在 1 处或 2 处将出现较大的缝隙。1 处有缝隙，说明 1 处锉得太多，两面的夹角大于 90°，应修锉 2 处。2 处有隙缝，说明 2 处锉得太多，两面的夹角

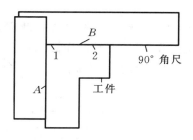

图 5-18　用 90°角尺检验垂直度

小于 90°，应修锉 1 处。经过反复的检验和修锉，最后便可达到要求。

用 90°角尺检验时，短边与平面 A 必须始终保持紧贴，而不应受平面 B 的影响而松开，否则检验结果不会准确。此外，90°角尺在改变检验位置时，不允许在工件表面上拖动，而应提起后再轻放到新的检验位置，以免 90°角尺磨损而降低精度。

（4）锉平面 C，使尺寸、平面度、表面粗糙度和平行度都符合图样要求。锉削时要防止锉坏平面 D。

（5）锉平面 D，使尺寸、平面度、表面粗糙度和平行度都符合图样要求，同样要防止锉坏平面 C。

（6）修掉各边毛刺。

由上述加工方法可知：有几个面都要锉削时，一般尽可能选择较大的或较长的平面为基准，把它先加工好（因为这种平面容易锉准，而且作为检验时的基准也较可靠）；内外表面都要锉削时，尽量先锉外表面（因为外表面的加工和检验都比较容易）。

（六）锉配（镶嵌）

通过锉削使两个相配零件的配合表面达到规定的要求，这种工作称为锉配。它是钳工特有的一种技能技巧，常用在样板、模具制造和装配与修理工作中。

锉配工作的基本方法是：先把相配件中的一件锉好，然后按锉好的一件来锉配另一件。

因为外表面一般比内表面容易加工,所以通常先锉外表面,后锉内表面。

现以样板为例说明其锉配方法。图 5-19 所示为一对燕尾样板,锉配要求为:两块样板能互相配合,配合面之间只能有微弱而均匀的缝隙(约 0.01 mm 间隙)。

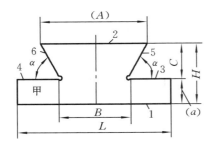
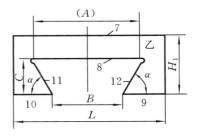

图 5-19　燕尾样板

为便于锉配过程中的检测工作,在锉配甲、乙两块样板前先要锉好两块辅助样板丙、丁(见图 5-20)。锉辅助样板时先锉外角样板丙,外角样板锉好后,按它配锉内角样板丁。丙、丁两块拼合后,夹角 α 的两边只允许有微弱而均匀的缝隙。

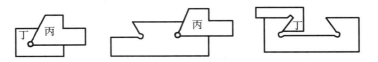

图 5-20　辅助样板

燕尾样板甲、乙的锉配方法如下。

(1) 根据样板外形尺寸和所需加工余量在钢板上下料。

(2) 打光样板的两个平面,做好甲、乙样板标记。

(3) 如图 5-19 所示,按尺寸 $L \times H$ 和 $L \times H_1$ 锉准外形(平面 1 与 2,平面 7 与 9、10 的平行度误差应在 0.01 mm 之内)。

(4) 在两块样板上划出燕尾形,并在燕尾转角处钻直径为 2～3 mm 的孔,再去除多余部分(留 1 mm 左右加工余量),如图 5-21 所示。

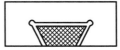

图 5-21　样板上多余部分

(5) 锉样板甲,先锉 3、4 面,使它们与平面 1 平行,要求两端尺寸(a)的误差在 0.01 mm 之内,从而保证尺寸 C 的误差在 ± 0.01 mm 之内(见图 5-19)。

(6) 锉样板甲的斜面 5,用辅助样板丙检验其 α 角,再锉斜面 6,也用辅助样板丙检验其 α 角,并注意控制尺寸 B 达到要求数值(见图 5-19)。

由于尺寸 B 不好直接测量准确,故常通过以下方法进行间接测量,再经计算后得出。

方法一:量出尺寸 A 再求出 B。

$$B = A - \frac{2C}{\tan\alpha} \tag{5-1}$$

此时应注意尺寸 A 的两边角是否尖锐,不尖时量出的 A 是不准确的。

方法二:在夹角 α 处放上两个等直径的圆柱,测量尺寸 M 后算出 B(见图 5-22(a))。

$$B = M - d\left[1 + \frac{1}{\tan(\alpha/2)}\right] \tag{5-2}$$

(7)锉样板乙,先锉平面 8,使与平面 7 平行,两端 $H_1 - C$ 的误差在 0.01 mm 以内,两端尺寸 C 的误差为 ± 0.01 mm(见图 5-19)。

(8)锉样板乙的斜面 12,用辅助样板丁检验其 α 角,再锉斜面 11,也用辅助样板丁检验 α 角,但在控制尺寸 B 时,应通过测量 M' 的实际尺寸(见图 5-22(b)),与式(5-4)计算出的尺寸 M' 相比较,以便控制锉配加工余量,做到心中有数。

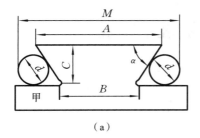
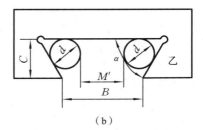

（a）　　　　　　　　　　　　　　（b）

图 5-22　尺寸 B 的求法

（a）测量尺寸 M；（b）测量尺寸 M'

因为

$$B = M' + d\left[1 + \frac{1}{\tan(\alpha/2)}\right] - \frac{2C}{\tan\alpha} \tag{5-3}$$

所以

$$M' = B - d\left[1 + \frac{1}{\tan(\alpha/2)}\right] + \frac{2C}{\tan\alpha} \tag{5-4}$$

尺寸 B 的最后保证,还是要按样板甲来锉配和用透光法（或涂色法）检验,以达到整体配合要求。最后换位修平样板甲、乙的两侧面至尺寸 L。

学习情境六　钻孔、扩孔、锪孔、铰孔

钳工工作中,经常会遇到各种孔的加工。要把一台机器的各个部分连接成一个整体,通常都需要钻孔。例如两个以上零件的连接,需要钻螺栓过孔、螺纹底孔,铆接件的连接需要钻铆钉孔等。常见的孔加工方法主要有钻孔、扩孔、锪孔与铰孔。

任务一　钻孔、扩孔、锪孔

一、任务目标

(1) 了解钻孔、扩孔、锪孔的方法。
(2) 掌握钻孔、扩孔、锪孔操作技能。

二、背景知识

(一) 钻床

钳工经常使用的钻孔设备有台钻、立钻、摇臂钻床、手电钻等。

1. 台钻

台钻是一种小型钻床,一般安装在工作台上工作,用于加工直径在 13 mm 以下的孔。其结构如图 0-4 所示。

(1) 传动变速。电动机通过皮带带动主轴旋转。若改变皮带在塔轮上的位置,就可使主轴得到快慢不同的转速。操纵电气转换开关,能使电动机正、反转,启动或停止。主轴进给运动(即钻头向下的直线运动)由手操纵进给手柄控制。

(2) 钻床轴头架升降调整。一般利用丝杠螺母传动使其升降。调整时应先松开锁紧装置,摇动升降手柄,调整到所需位置,再将其锁紧。

(3) 台钻的维护保养注意事项如下所述。

① 在使用过程中工作台面要保持清洁。

② 变速时应先停车再变速。

③ 钻通孔时,必须使钻头通过工作台的让刀孔,或在工件下垫上垫铁,以免钻坏工作台面。

④ 下班时必须将外露滑动面及工作台面擦净,并对各滑动面及各注油孔注油润滑。

2. 立钻

立钻的结构如图 0-5 所示,一般用来加工直径在 13 mm 及以上的孔。

(1) 主要机构的使用调整。主轴变速箱位于机床的顶部,主电动机安装在它的后面;变速箱左侧有两个变速手柄,按机床变速标牌调整这两个手柄的位置能使主轴获得各种转速。

进给变速箱安装在立柱上,它的位置高度按被加工工件的高度进行调整。进给变速箱正面有两个进给变速手柄,按进给速度标牌调整手柄位置,可获得所需的机动进给量。

三星式进给手柄连同箱内的进给装置统称进给机构。它的作用是选择机动进给、手动进给、攻螺纹进给等不同的进给方式。

主轴的正转、反转、启动或停止是靠安装在进给变速箱左侧的手柄来控制的。

工作台安装在立柱导轨上,由安装在工作台下面的升降机构操纵。

这种机床备有冷却泵,钻削时可供冷却润滑液。

(2) 立钻的使用规则及维护保养注意事项如下所述。

① 使用前应空转试车,待机床正常运转后才可操作。

② 不需要机动进给时,应将三星手柄端盖向里推,断开机动进给传动。

③ 变换主轴转速或机动进给量时,必须在停车后进行调整。

④ 经常检查润滑系统供油情况。

3. 摇臂钻床

摇臂钻床的组成部分如图 6-1 所示,一般用于加工大型或多孔工件。工件安装在机座或其上的工作台上,主轴箱装在可绕垂直立柱旋转的摇臂上,并可沿摇臂上的水平导轨往复运动。由于主轴变速箱能在摇臂上做大范围的移动,而摇臂又能绕立柱回转 360°。因此,可将主轴调整到机床加工范围内的任何位置上。在摇臂钻床上加工多孔工件时,工件不动,只要调整摇臂和主轴箱在摇臂上的位置即可。

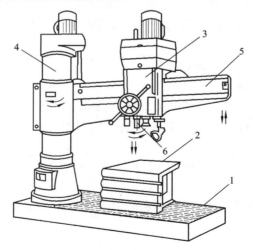

图 6-1　摇臂钻床

1—机座;2—工作台;3—主轴箱;4—立柱;5—摇臂;6—主轴

主轴移到所需位置后,摇臂可用电动涨闸锁紧在立柱上,主轴箱也用同样的方法锁紧在摇臂上。

摇臂钻床的主轴转速范围和进给量范围较大,加工范围广泛,可用于钻孔、扩孔、锪孔、铰孔、攻螺纹等多种加工。

摇臂钻床的使用规则及维护保养如下:必须按照正确的操作规程合理使用;班前班后由操作者认真检查,擦拭钻床各个部位和注油保养,使钻床保持润滑、清洁;钻床运转累计满500小时后,应进行一级保养。

4. 手电钻

手电钻(见图6-2)多用来钻直径在 12 mm 以下的孔,常用于不便使用钻床钻孔的情况。例如,在装配工作中,受工件形状或加工部位的限制,不能用钻床进行钻孔时,可使用手电钻进行钻孔。手电钻携带方便,操作简便,使用灵活。手电钻电源有单相(220 V、36 V)和三相(380 V)两种。

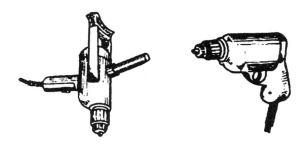

图6-2　手电钻

使用手电钻的注意事项如下。

(1) 长期搁置不用的手电钻,在使用前,必须用 500 V 兆欧表测定绝缘电阻。如果绕组与铁心间绝缘电阻小于 0.5 MΩ,则必须进行干燥处理,直至绝缘电阻超过 0.5 MΩ 为止。

(2) 电源电压不得超过手电钻铭牌上所规定电压的 ±10%,否则会损坏手电钻或影响使用效果。

(3) 使用前必须检查接地线是否接好。

(4) 工作时应注意绝缘。

(5) 手电钻是靠操作者体力压着走刀的,为减轻体力消耗,钻头必须磨得很锋利。

(6) 手电钻有一定的负荷量,钻孔时用力不宜过猛,发现手电钻转速降低时应减轻压力。

(7) 移动手电钻时,必须握住手电钻手柄,拖动手电钻时不准拉电线,以免电线接头脱落,造成事故。

(8) 手电钻不用时,应存放于干燥、清洁和没有腐蚀性气体的环境中。

(二) 钻头

用钻头在实体材料上加工出孔的操作,称为钻孔。钳工钻孔时,工件固定不动,钻头装在钻床主轴上做旋转运动,称为主体运动(v);同时钻头沿轴线方向移动,称为进给运动(s)。

钻削运动是这两种运动的合成,依靠钻头与工件之间的相对运动来完成切削加工,钻头轴心线以外每一点的运动轨迹都是螺旋线,所以钻屑也呈螺旋形,如图 6-3 所示。钻孔是对孔粗加工,精度为 IT11～IT10,表面粗糙度 Ra 值为 50～12.5 μm。

1. 麻花钻

麻花钻是最常用的一种钻头,它由柄部、颈部及工作部分组成,如图 6-4 所示。钻削时钻头是在半封闭的状态下进行切削的,转速高、切削量大、排屑又很困难,因此一般用比较好的高速钢(W18Cr4V 或 W9Cr4V2)制成,淬硬后硬度为 62～68HRC。

图 6-3　钻孔时运动分析

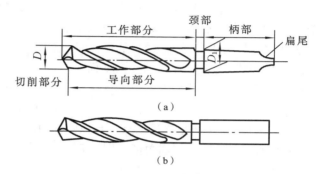

图 6-4　标准麻花钻的组成

(a) 锥柄钻头;(b) 直柄钻头

(1) 柄部是钻头的夹持部分,用来传递钻削时所需的扭矩和轴向力,并使钻头的轴心线保持正确的位置。它分柱柄和锥柄两种,直径小于 13 mm 的钻头做成柱柄,一般只能用钻夹头夹持,其传递的扭矩较小;直径大于或等于 13 mm 的钻头做成莫氏锥柄,它可传递较大的扭矩。

为了防止锥柄在锥孔内产生打滑现象,锥柄的尾部做成扁尾形,与锥孔中的槽相配,这样既增加了传递的扭矩,又便于钻头从主轴孔或钻套中退出。

(2) 颈部是工作部分和柄部之间的连接部分,一般用来刻印钻头的规格、商标和材料。

(3) 工作部分包括导向部分和切削部分。导向部分在钻削时起保证钻头正确的钻孔方向和修光孔壁的作用,同时也是切削部分的后备部分。它由两条对称分布的螺旋槽、两个螺旋形刃瓣和刃带(棱边)组成。螺旋槽起排屑和输送冷却液的作用。为了减小钻头与孔壁间的摩擦,导向部分的直径略有倒锥,直径向柄部逐渐减小,倒锥量为 0.04～0.12 mm/100 mm。

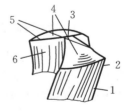

图 6-5　麻花钻的切削部分

1—副后刀面;2—副切削刃;3—横刃;
4—后刀面;5—主切削刃;6—前刀面

切削部分如图 6-5 所示,由两个前刀面、两个后刀面、两个副后刀面、两条主切削刃、两条副切削刃和一条横刃组成。螺旋槽表面为钻头的前刀面,切屑沿此面流出。切削部分顶端两曲面称为主后刀面,它与工件切削表面(即孔底)相对。钻头两侧的刃带与孔壁相对的表面,称为副后刀面。前刀面与主后刀面的交线为主切削刃;前刀面与副后刀面的交线为副切削刃,即棱刃;两个主后刀面的交线为横刃。

2. 标准麻花钻的切削角度

在钻削过程中，切削角度是否合理，对提高钻头的切削能力、孔的精度和减小表面粗糙度值，都起着决定性的作用。在弄清麻花钻的切削角度之前，首先要弄清用以表示麻花钻角度的辅助平面——切削平面、基面、主截面、纵切面。

（1）麻花钻的辅助平面。图 6-6 所示为钻头主切削刃上任意一点的基面、切削平面和主截面的相互位置，三者互相垂直。

① 切削平面。切削刃上任一点的切削平面是由该点的切削速度方向和这点上切削刃的切线所构成的平面。钻头主切削刃上任一点的切削速度方向是以该点到钻心的距离为半径、钻心为圆心所做圆周的切线方向，也就是该点与钻心连线的垂线方向。

② 基面。切削刃上任一点的基面是通过该点，而又与该点切削速度方向垂直的平面。实际上是通过该点与钻心连线的径向平面。

③ 主截面，通过主切削刃上任一点并垂直于切削平面和基面的平面。

④ 纵切面，通过主切削刃上任一点作与钻头轴线平行的直线，该直线绕钻头轴线旋转形成一个圆柱面，纵切面是通过该点且与该圆柱面相切的平面。

（2）标准麻花钻头的切削角度。图 6-7 所示为标准麻花钻头主要切削角度。

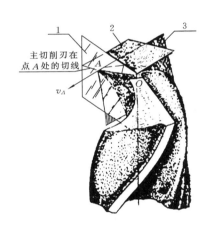

图 6-6　麻花钻的辅助平面
1—基面；2—切削平面；3—主截面

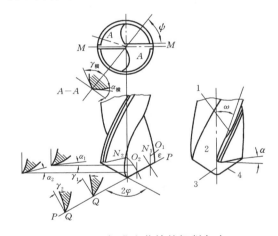

图 6-7　标准麻花钻的切削角度
1—副切削刃；2—棱边；3—主切削刃；4—后刀面

① 顶角 2φ。两主切削刃在其平行平面 M—M 上的投影之间的夹角，称为顶角。顶角的大小对钻头切削性能影响很大，顶角应根据加工条件在钻头刃磨时磨出。一般钻硬材料要比钻软材料选用得大些，标准麻花钻的顶角 $2\varphi=118°\pm2°$。

② 螺旋角 ω。最外缘处螺旋线展开成直线后与钻头轴心线之间的夹角，称为螺旋角。螺旋角越大，切屑越易排出，切削越容易，但钻头强度越低。标准麻花钻的螺旋角，直径在 10 mm 及以上的，ω 为 30°；直径在 10 mm 以下的，ω 为 18°～30°；直径愈小，ω 也愈小。

在钻头的不同半径处，螺旋角的大小是不等的。钻头外缘处的螺旋角最大，愈近中心，螺旋角愈小。螺旋角一般以外缘处的数值来表示。

③ 前角 γ。在主截面（图 6-7 中的 N_1—N_1 或 N_2—N_2）内，前刀面与基面的夹角称为

前角。

由于麻花钻的前刀面是一个螺旋面,因此沿主切削刃各点的前角大小是不同的。近外缘处前角最大,可达 $30°$;愈靠近钻心,前角愈小,在中心 $D/3$ 范围内为负值,接近横刃处前角为 $-30°$,横刃处前角为 $-60°\sim-54°$。前角的大小与螺旋角和顶角有关(横刃处除外),而其中影响前角变化最大的是螺旋角。螺旋角愈大,前角愈大,在外缘处的前角与螺旋角相近。前角的大小决定着切削材料的难易程度和切屑在前刀面上的摩擦阻力。前角愈大,切削愈省力。

④ 后角 α。在纵截面(图 6-7 中的 O_1—O_1 或 O_2—O_2)内,后刀面与切削平面之间的夹角,称为后角。

主切削刃上各点的后角大小也是不相同的。与前角相反,在外缘处最小,愈近中心愈大。一般麻花钻外缘处的后角按钻头直径的大小分为:$D<15$ mm,$\alpha=10°\sim14°$;$D=15\sim30$ mm,$\alpha=9°\sim12°$;$D>30$ mm,$\alpha=8°\sim11°$;钻心处后角 $\alpha=20°\sim26°$,横刃处后角 $\alpha=30°\sim60°$。后角愈小,钻头后刀面与工件摩擦愈严重,但切削刃强度愈高。后角内大外小,而前角内小外大,恰好使得切削刃上各点的强度基本一致。钻硬材料时为了保证刀刃强度,后角可适当小些;钻软材料时,后角可适当大些。但钻非铁金属材料时,后角不宜太大,否则会产生自动扎刀现象。

⑤ 横刃斜角 ψ。横刃斜角是横刃与主切削刃在垂直于轴线的横向截面上投影之间的夹角。它是在刃磨钻头时自然形成的,其大小与后角有关。近钻心处的后角磨得愈大,横刃斜角就愈小,横刃的长度就愈长,钻削的轴向阻力就愈大,且不易定心。后角刃磨正确的标准麻花钻 $\psi=50°\sim55°$。

3. 标准麻花钻的刃磨

麻花钻刃磨的目的是把已钝的切削部分恢复锋利,保持正确的几何形状,同时也为适应加工不同性质的工件材料。标准麻花钻主要刃磨两个主后刀面。

(1)刃磨要求。

① 获得符合要求的顶角,一般为 $2\varphi=118°\pm2°$。

② 获得准确、合适的后角。

③ 横刃斜角 $\psi=55°$左右。

④ 两个主切削刃长度相等,与钻心对称。

⑤ 后刀面光滑。

(2)刃磨方法。标准麻花钻刃磨方法如图 6-8 所示,将主切削刃置于水平位置,并大致在砂轮的中心平面上进行刃磨。钻头轴心线与砂轮柱面母线在水平面内的夹角等于钻头顶角 2φ 的一半。

刃磨时,右手握住钻头的头部作为定位支点,并掌握好钻头绕轴心线的转动角度及加在砂轮上的压力。左手握住钻头柄部上下摆动。钻头绕自身轴心转动的目的是使整个后刀面都能磨到,上下摆动是为了磨出一定的后角。两手的动作一定要配合好,如果钻头的切削刃先触及砂轮,则一面转动一面向下摆动;如果钻头后刀面下部先触砂轮,则一面转动,一面向上摆动。两种方式均可,但精磨时最好用前一种方式。

一个主切削刃磨好后,翻转 $180°$刃磨另一主切削刃。此时应保证钻头只绕其轴线做转

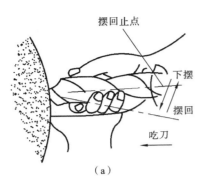

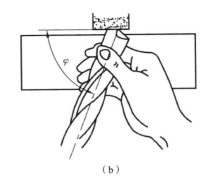

图 6-8　标准麻花钻的刃磨

(a) 刃磨方法；(b) 顶角的控制

动,而其空间位置不变。这样可磨出与轴线对称的顶角 2φ。

（3）刃磨检验。钻头顶角 2φ、外缘处后角 α、两主切削刃对称度和横刃斜角 ψ 可用样板检验,如图 6-9 所示。在刃磨过程中,还要经常采用目测方法进行测量。

4. 标准麻花钻的修磨

按上述方法刃磨的标准麻花钻头存在不少缺点,为改善其切削性能,需按钻孔的具体要求进行有选择的修磨。

（1）磨短横刃。修磨后的横刃长度为原来的 $1/5 \sim 1/3$,并增大钻心处前角,如图 6-10 所示。这样可以减小轴向阻力和挤刮现象,提高定心精度和切削稳定性。

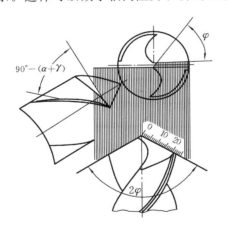

图 6-9　用样板检查刃磨角度

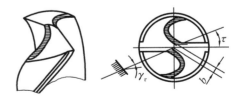

图 6-10　修磨横刃

（2）修磨前刀面。用标准麻花钻钻削紫铜、铝合金等软材料时,由于边缘处前角较大,容易产生扎刀现象。因此,需修磨前面以减小外缘处前角,避免扎刀现象,如图 6-11 所示。

5. 群钻

群钻是在广大钻工实践变革的基础上,广泛吸取群众智慧中的丰富经验后进行革新的一种效率高、寿命长、加工质量好的钻头。群钻的产生对我国的社会主义建设事业做出了积极贡献。

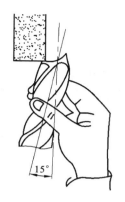 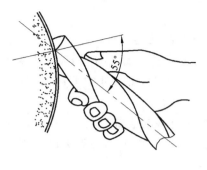 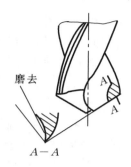

图 6-11　修磨前刀面

标准群钻主要用来钻削钢材（碳钢和各种合金结构钢）。它的应用最广，同时又是其他群钻变革的基础。

（1）标准群钻。

标准群钻的结构如图 6-12 所示。标准群钻与标准麻花钻不同的地方主要有以下三点。

① 群钻上磨有月牙槽，形成凹圆弧刃，并把主切削刃分成三段：外刃——AB 段；圆弧刃——BC 段；内刃——CD 段。

② 横刃磨短，使横刃缩短为原来的 1/5～1/7。同时新形成的内刃上前角 $\gamma_{oτ}$ 也增大。

③ 磨有单边分屑槽。

由于标准群钻在结构上具有上述特点，故与标准麻花钻相比，其切削性能大大提高。具体有以下几个方面。

① 磨有月牙槽，形成凹圆弧刃。

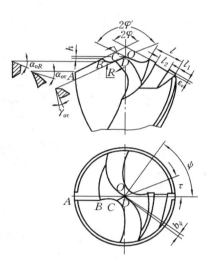

图 6-12　标准群钻

磨出圆弧刃后，主切削刃分成三段，能分屑和断屑，减小切屑所占空间，使排屑流畅。圆弧刃上各点前角比原来增大，减小切削阻力，可提高切削速度。钻尖高度降低，这样可使横刃磨得较为锋利，但不致影响钻尖强度。

在钻孔过程中，圆弧刃在孔底切削出一道圆环肋。它与钻头棱边共同起着稳定钻头方向的作用，进一步限制了钻头的摆动，加强了定心作用，有利于提高进给量和孔的表面质量。

② 修磨横刃后，内刃前角增大。

钻孔时轴向阻力减小，使机床负荷减小，钻头和工件产生的热变形小，提高了孔的质量和钻头寿命。内刃前角增大，切削省力，可加大切削速度。

③ 磨出单边分屑槽。

磨出单边分屑槽能使宽的切屑变窄，减小容屑空间，排屑流畅。且容易加注切削液，带走切削热,减小工件变形,提高了钻头寿命和孔的表面质量。

（2）钻薄板的群钻。

图 6-13 所示为薄板群钻切削部分的几何形状。

用标准钻头钻薄板工件时,由于钻心先钻穿工件后,立即失去定心作用和突然使轴向阻力减小。加上工件的弹动,使钻出的孔不圆,出口处的毛边很大,而且常因突然切入过多而产生扎刀或钻头折断事故。

薄板群钻又名三尖钻。两切削刃外缘磨成锋利的刀尖,而且与钻心尖在高度上仅相差 0.5～1.5 mm。钻孔时钻心尚未钻穿,两切削刃的外刃尖已在工件上划出圆环槽。起到良好的定心作用,同时大大提高了钻孔的质量。

6. 硬质合金钻头

硬质合金钻头是在钻头切削部分嵌焊一块硬质合金刀片,如图 6-14 所示。它适用于高速钻削铸铁及高锰钢、淬硬钢等坚硬材料。硬质合金刀片材料是 YG8 或 YW2。

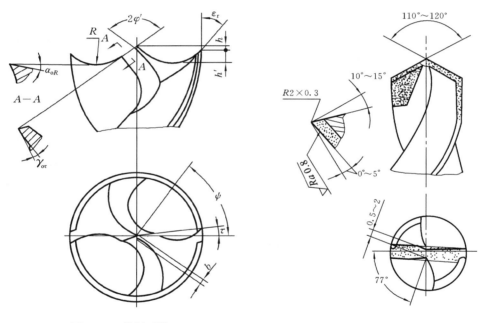

图 6-13　薄板群钻　　　　　　　　图 6-14　硬质合金钻头

硬质合金钻头切削部分的几何参数一般是:$\gamma_o = 0°～5°$,$\alpha_o = 10°～15°$,$2\varphi = 110°～120°$,$\psi = 77°$,主切削刃磨成 $R2×0.3$ mm 的小圆弧,以增加强度。

使用硬质合金钻头时,进给量要小一些,以免刀片碎裂。两切削刃要磨得对称。遇到工件表面不平整或铸件有砂眼时,要用手动进给,以免损坏钻头。

（三）扩孔钻与锪孔钻

1. 扩孔

扩孔是用扩孔钻或麻花钻等扩孔工具对工件上已有的孔进行扩大加工的一种方法。

2. 锪孔

在孔口处用锪钻（或改制的钻头）加工出一定形状的孔,称为锪孔。

三、任务分析

钻孔时由于钻头刃磨不好、切削用量选择不当、工件夹持不合理、钻头夹持不当、操作不认真等原因,会产生废品或损坏钻头。常见的问题归纳如表 6-1 所示。

表 6-1　钻孔时可能出现的问题及原因

出 现 问 题	产 生 原 因
孔径扩大	1. 钻头两切削刃长度不等,顶角不对称; 2. 钻头摆动
孔壁粗糙	1. 钻头不锋利; 2. 进给量太大; 3. 后角太大; 4. 冷却润滑不充分
孔位偏移	1. 划线或样冲眼中心不准; 2. 工件装夹不稳固; 3. 钻头横刃太长; 4. 钻孔开始阶段未找正
孔轴线歪斜	1. 钻头与工作台面不垂直; 2. 进给量太大,钻头弯曲
钻头折断	1. 用钝钻头钻孔; 2. 进给量太大; 3. 切屑在螺旋槽中堵塞; 4. 孔刚钻穿时,进给量突然增大; 5. 工件松动; 6. 钻薄板或铜料时钻头未修磨; 7. 钻孔已歪但继续钻削
钻头磨损过快	1. 切削速度太高,而冷却润滑又不充分; 2. 钻头刃磨不适应工件材料

四、任务准备

钳工钻孔方法与生产规模有关。当需要大批量生产时,要借助于夹具来保证加工位置的正确;当需要单件和小批量生产时,要借助划线来保证其加工位置的正确。这里主要介绍划线钻孔的方法。

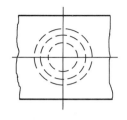 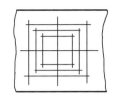

图 6-15　孔位检查线

（一）钻孔前工件的划线

钻孔前，必须按孔的位置、尺寸要求划出孔位的十字中心线，并打上中心样冲眼。要求冲眼要小，位置要准确；并且按孔的大小划出孔的圆周线；对直径较大的孔，应同时划出几个大小不等的检查圆或几个与孔中心线对称的方格作为钻孔时的检查线，如图 6-15 所示，然后将中心样冲眼敲大，以便准确落钻定心。

（二）钻头的夹持

钻头的夹持是借助钻夹头或变径套等实现的。

图 6-16、图 6-17 所示为钻夹头装拆直径小于 13 mm 直柄钻头的情形。先将钻头柄塞入钻夹头的三卡爪内，其夹持长度不能小于 15 mm。然后用钻头夹头专用钥匙旋转夹头外套，使内螺纹圈带动三只卡爪沿斜面移动，三个夹爪同时伸出或缩进，达到夹紧或松开钻头的目的。

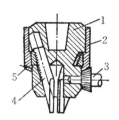 

图 6-16　装配直柄钻头　　　　　　　　**图 6-17　拆卸直柄钻头**

1—夹头；2—夹头外套；3—专用钥匙；4—卡爪；5—内螺纹圈

图 6-18、图 6-19 所示为变径套装拆锥柄钻头的情形。图 6-18(a)为锥柄钻头，利用尾部莫氏锥度或变径套与钻床主轴莫氏锥孔连接。钻头直径不同时，锥柄的莫氏锥度也不同，而钻床主轴内孔只有一个锥度，当较小的钻头要装入较大的钻床主轴孔时，应用变径套做过渡连接。

变径套以莫氏锥度为标准，有 5 种不同规格，如图 6-18(b)所示。从变径套中取出钻头，要借助于楔铁，如图 6-19 所示。

（三）工件的夹持

一般钻 8 mm 以下的小孔，如果工件能用手握牢不会发生事故，就用手握住工件钻孔，这样比较方便。但工件上锋利的边角必须倒钝，孔将钻穿时进刀量要小，以防发生事故。除

图 6-18　装配锥柄钻头　　　　图 6-19　拆卸锥柄钻头

（a）装钻头；（b）变径套

此以外,钻孔时不能用手握住工件,必须采用如图 6-20 所示的方法来夹持工件。

（1）外形平整的中小型工件用平口钳装夹（见图 6-20(a)）。钻通孔时,工件底部应垫上垫铁,以免钻坏台虎钳。钻孔直径较大时,应将平口钳与钻床工作台固定。

（2）轴或套筒类工件用 V 形铁装夹（图 6-20(b)）。钻孔直径较大时,应将 V 形铁与钻床工作台固定。

（3）钻大孔时,需用压板、螺栓和垫铁将工件与钻床工作台固定（见图 6-20(c)）。要注意垫铁、螺栓应尽量靠近工件,以减小压板的变形和获得较大的压紧力。垫铁应比工件压紧表面高度稍高,以保证足够的压紧力,并避免工件在夹紧过程中移动。

（4）异形零件或加工基准在侧面的工件用角铁进行装夹（见图 6-20(d)）。因钻孔时切削力作用在角铁安装面之外,故角铁应用压板固定在钻床工作台上。

（5）小型工件或薄板钻小孔时,用手虎钳夹持（见图 6-20(e)）。

（6）短圆柱工件端面钻孔时,可利用三爪卡盘装夹工件（见图 6-20(f)）。

（四）钻削用量及其选择

1. 钻削用量

钻削用量即钻孔时的切削用量,它是切削速度 v、进给量 s 和切削深度 t 的总称,如图 6-21 所示。

钻削时的切削速度 $v(\mathrm{m/min})$ 是钻头切削刃上最外一点的线速度。可由下式计算：

$$v = \frac{\pi D n}{1000} \tag{6-1}$$

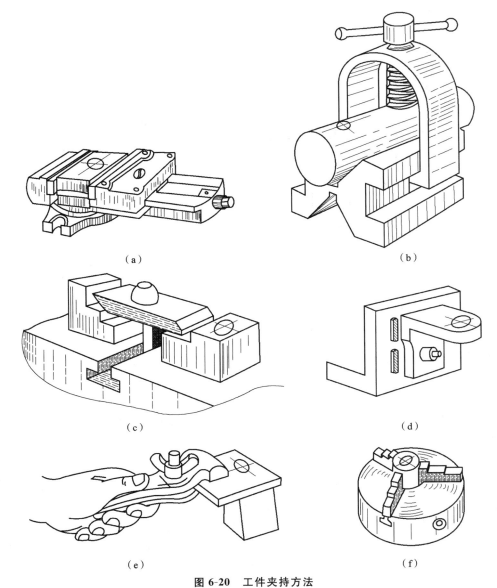

（a）　　　　　　　　　　　　　　　（b）

（c）　　　　　　　　　　　　　　　（d）

（e）　　　　　　　　　　　　　　　（f）

图 6-20　工件夹持方法

（a）平口钳装夹；（b）V 形铁装夹；（c）压板螺栓装夹；（d）角铁装夹；（e）手虎钳装夹；（f）三爪卡盘装夹

式中　　D——钻头直径（mm）；

　　　　n——钻床主轴转速（r/min）。

钻削时的进给量 s 是钻头每转一周向下移动的距离，单位为 mm/r。

切削深度 t（mm）是已加工表面与待加工表面之间的垂直距离，也可以理解为一次走刀所能切下的金属层厚度。钻削时的切削深度等于钻头的半径，即

$$t=\frac{D}{2}$$

2. 钻削用量的选择

选择钻削用量的原则是在保证加工精度、表面粗糙度、钻头合理耐用度的前提下，使生产效率最高；同时不允许超过机床的功率和机床、刀具、工件、夹具等的强度和刚度。

（1）切削深度的选择。直径小于 30 mm 的孔一次钻出。直径为 30～80 mm 的孔，可分为两次钻削，先用 $(0.5～0.7)D$（D 为要钻孔径）的钻头预钻小孔，然后用直径为 D 的钻头将孔扩大。

（2）进给量的选择。高速钢钻头进给量可参考表 6-2 选取。

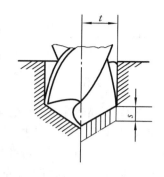

图 6-21　钻削用量

表 6-2　高速钢标准麻花钻的进给量

钻头直径/mm	<3	3～6	6～12	12～25	>25
进给量 s/(mm/r)	0.025～0.05	0.05～0.10	0.10～0.18	0.18～0.38	0.38～0.62

当孔的精度要求较高和表面粗糙度值要求较小时，应取较小进给量。当钻孔较深、钻头较长、机床刚度强度较差时也应取较小进给量。

（3）钻削速度的选择。当钻头直径和进给量确定后，按表 6-3 选择切削速度的合理数值，然后按公式确定钻床转速。当孔较深时，应选取较小的切削速度。

表 6-3　高速钢标准麻花钻的切削速度

加工材料	硬度/HBS	切削速度 v/(m/min)	加工材料	硬度/HBS	切削速度 v/(m/min)
低碳钢	100～125	27	可锻铸铁	110～160	42
	125～175	24		160～200	25
	175～225	21		200～240	20
中、高碳钢	125～175	22		240～280	12
	175～225	20	球墨铸铁	140～190	30
	225～275	15		190～225	21
	275～325	12		225～260	17
合金钢	175～225	18		260～300	12
	225～275	15	铸钢	低碳	24
	275～325	12		中碳	18～24
	325～375	10		高碳	15
灰铸铁	100～140	33	铝、镁合金	—	75～90
	140～190	27	铜合金	—	20～48
	190～220	21	高速钢	200～250	13
	220～260	15			
	260～320	9			

五、任务实施

(一)起钻

钻孔时,先将钻头对准样冲眼钻一浅坑,观察其与划线圆周是否同心。如果发现偏心,则应及时借正。借正方法如下:如偏位较少,可在钻削同时用力将工件向偏位反方向推移,逐步借正;如偏位较多,可在借正方向上打几个样冲眼或用油槽錾錾出几条小槽,以减少此处的钻削阻力,达到借正目的。

(二)手动进给操作

当起钻满足孔位置要求后,即可固定工件完成钻孔。

(1)手动进给特别是钻小孔时,不应用力过大,否则会造成钻头弯曲,孔轴线歪斜。

(2)钻小孔或深孔时,进给力要小,并要及时退钻排屑,以免切屑阻塞而折断钻头。一般在钻深达直径的 3 倍时,一定要退钻排屑。

(3)孔即将钻穿时,进给力必须减小,以防进给量突然增大,造成钻头突然折断,或使工件随钻头转动造成事故。

(三)钻孔时冷却润滑液的选择

钻孔过程中,由于切屑变形及钻头和工件的摩擦将产生大量切削热,会引起切削刃发热甚至损坏,降低切削能力,影响加工质量。所以,钻削时应注入充足的冷却润滑液以降低切削温度和增加润滑性能,提高钻头耐用度,保证钻孔质量和提高钻孔效率。

钻钢件时,可用3%～5%的乳化液;钻铸铁件时,一般不加冷却润滑液或用5%～8%的乳化液连续加注。

(四)钻孔方法

在平面上钻孔时,先划出中心线,再用样冲在中心打一个大样冲眼;在圆柱面上钻径向孔时,应先用 V 形铁夹好,再用角尺找准中心线;在斜面上钻孔时,应先用铣床或锉刀加工出一个足够大的平面;钻半圆孔时,可找一块与工件相同或相近的材料夹在一起进行加工。

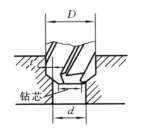

图 6-22　扩孔时的切削深度

(五)扩孔

如图 6-22 所示,实际生产中,一般用麻花钻代替扩孔钻使用,而扩孔钻多用于成批或大量生产中。扩孔常作为孔的半精加工及铰孔前的预加工,进给量为钻孔进给量的 1.5～2 倍,切削速度为钻孔的 0.5 倍。

扩孔时的切削深度 t(mm)应按下式计算:

$$t = \frac{D-d}{2} \qquad (6-2)$$

式中　　D——扩孔后直径(mm)；

　　　　d——预加工孔直径(mm)。

为了提高孔的尺寸精度、形状和位置精度,减小表面粗糙度值,以及加工大尺寸孔时,为减小切削变形和机床负荷,或者为孔进一步精加工做准备,往往采用扩孔加工。扩孔后,一般尺寸精度可达 IT10~IT9,表面粗糙度 Ra 值可达 12.5~6.3 μm。

用麻花钻扩孔时,扩孔前孔的直径为扩孔后直径的 0.5~0.7 倍;用扩孔钻扩孔时,扩孔前孔的直径为扩孔后直径的 0.9 倍。

由于切削深度 t 的大量减少,切削条件得到改善,扩孔钻的结构与麻花钻相比较有了较大区别。图 6-23 所示为扩孔钻的工作部分结构简图,其结构特点如下。

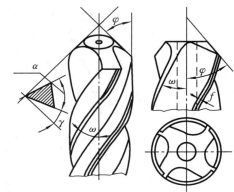

图 6-23　扩孔钻

(1) 因中心不切削,没有横刃,切削刃长度减短,切削力减小。

(2) 因扩孔产生切屑体积小,不需大容屑槽,从而扩孔钻可加粗钻芯,提高刚度,使切削平稳。

(3) 由于容屑槽较小,扩孔钻可做出较多刃齿,增强导向作用。一般整体式扩孔钻有 3~4 个齿。

(4) 切削深度较小,切削角度可取较大值,使切削省力。扩孔钻的切削角度如图 6-23 所示。

(六) 锪孔

锪孔是为了保证与孔连接的零件的正确位置,使连接可靠。常见的锪孔工作如图 6-24 所示。

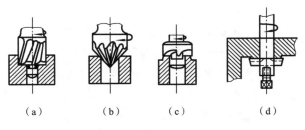

图 6-24　锪孔的种类

(a) 锪圆柱形埋头孔；(b) 锪锥形埋头孔；(c) 锪凸台端面；(d) 锪内端面

图 6-24(a) 所示为用柱形锪钻锪圆柱形埋头孔(柱坑)的情形。柱形锪钻的端面刀刃起主切削作用,外圆上的刀刃起修光孔壁的作用。锪钻前端的导柱与工件已有孔采用间隙较小的间隙配合(H7/f7),以保证良好的导向和定心。

图 6-24(b) 所示为锥形锪钻锪锥形埋头孔（锥孔）的情形。锥形锪钻按工件锥形埋头孔的要求不同有 60°、75°、90° 及 120° 四种。其中 90° 锥形锪钻用得最多。

图 6-24(c)所示为用端面锪钻锪削孔口凸台端面。端面刀齿为切削刃，前端导柱用来导向定心。

图 6-24(d)所示为装配式平台锪钻，用来锪削箱体孔内端面。

标准锪钻虽已有多种规格，但应用不及其他刀具那样广泛，不少场合使用麻花钻改制的锪钻。

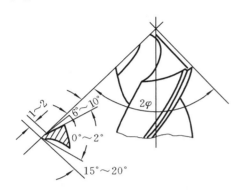

图 6-25　锪锥形埋头孔的麻花钻

图 6-25 所示为用改制的麻花钻锪锥孔的情形。其顶角 2φ 应与锥角一致，两切削刃要磨得对称。由于锪孔时无横刃切削，轴向阻力较小，为了减小振动，一般磨成双重后角：$\alpha=0°\sim2°$ 对应的后刀面宽度 $1\sim2$ mm，$\alpha_1=6°\sim10°$。外缘处的前角适当修整为 $\gamma=15°\sim20°$，以防扎刀。

图 6-26 所示为用麻花钻改制的柱形锪钻。图(a)为带导柱锪钻，其圆柱导向部分和已加工孔等径，钻头直径为圆柱埋头孔直径。端面刀刃靠手工在砂轮上磨出，后角 $\alpha=6°\sim8°$。导柱刃口要倒角，否则会刮伤孔壁。图(b)为不带导柱的锪钻，刃磨角度如图中所示。

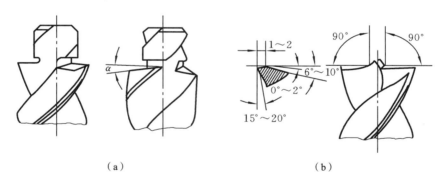

（a）　　　　　　　　　　　　　（b）

图 6-26　用麻花钻改制的柱形锪钻
(a) 带导柱锪钻；(b) 不带导柱锪钻

锪孔加工方法和钻孔方法基本相同。锪孔时存在的主要问题是所锪的端面或锥面出现振痕；使用麻花钻改制的锪钻，振痕尤为严重。为此在锪孔时，应注意以下事项。

（1）用麻花钻改制锪钻时，要尽量选用较短的钻头；适当减小锪钻的后角和外缘处的前角，以防产生扎刀现象。

（2）锪孔的切削速度应为钻孔切削速度的 $1/3\sim1/2$。精锪时，往往采用钻床停车后主轴惯性来锪孔，以减小振动而获得光滑表面。

（3）使用装配式锪钻时，其刀杆和刀头都应装夹牢固，工件要压紧。手动进给时用力要适宜。

（4）锪钢件时，应在导柱与配合表面加机油或黄油润滑。

任务二　铰孔与铰刀

用铰刀从工件孔壁上切除微量金属层，以提高其尺寸精度和表面质量的方法称为铰孔。铰孔的精度可达 IT7～IT8 级，表面粗糙度 Ra 值可达 1.6 μm 以下。铰孔是工具、夹具、模具制造中常用的孔加工方法。

一、任务目标

（1）了解铰孔的方法及铰刀的结构。
（2）掌握铰孔的操作技能。

二、背景知识

（一）常用铰刀的种类和用途

铰刀是铰孔的刀具，其使用范围较广，种类也很多。按其使用方法，可分为手用铰刀和机用铰刀两类；按其外形可分为圆柱铰刀和锥度铰刀两类，圆柱铰刀又分为整体式、套式和可调节式三种，锥度铰刀又分为整体式和套式两种。

钳工常用的铰刀有整体式圆柱铰刀、手用可调节圆柱铰刀及整体式锥度铰刀三种。

1. 整体式圆柱铰刀

整体式圆柱铰刀按刃沟形状不同，分为直槽整体式圆柱铰刀和螺旋槽整体式圆柱铰刀两种。

（1）直槽整体式圆柱铰刀。

直槽整体式圆柱铰刀如图 6-27 所示。它由工作部分、颈部和柄部三部分组成。工作部分包括切削部分和校准部分。其前端磨有 45°倒角，以便铰孔时铰刀能顺利切进孔内，并避免当铰削余量过大或孔中有缺陷时损坏刀齿。

切削部分磨有切削锥角 2φ，其数值按不同的铰削条件是不同的。机用铰刀的切削部分较短，一般铰削钢及其他塑性材料通孔时 $2\varphi=30°$，铰削铸铁及其他脆性材料通孔时 $2\varphi=6°$～10°。手用铰刀铰孔时，由于需要有较好的导向作用，因此它的切削部分要比机用铰刀长，一般 $2\varphi=1°$～3°。铰削不通孔时，为了使铰出的孔圆柱部分尽可能长，则所用的铰刀不论是机用还是手用的，2φ 角均为 90°。

校准部分在铰削时主要用来导向和校准孔的尺寸，也是铰刀磨损后重磨时的储备部分。机用铰刀的校准部分由圆柱校准段和倒锥校准段组成，倒锥校准段磨有 0.04～0.08 mm 的倒锥量，铰削时可减小校准部分与孔壁间的摩擦。手用铰刀一般没有圆柱校准段，其整个校准部分都磨有倒锥，倒锥量较小，一般为 0.05～0.08 mm。

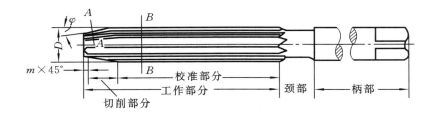

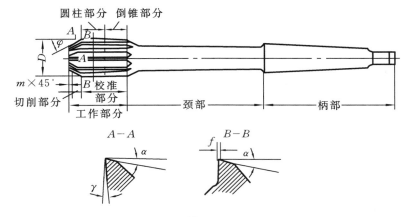

图 6-27　直槽整体式圆柱铰刀

铰刀的校准部分刀齿后面磨有宽 0.1～0.3 mm 和后角为 0° 的棱边。棱边在铰削时起支承和导向作用,可防止和减小产生的各种振动,并能使铰刀重磨后直径尺寸保持不变。棱边宽度不能过大,否则在铰削时会加剧校准部分和孔壁间的摩擦,使铰刀耐用度下降,并易产生积屑瘤,使铰后的孔径扩大和表面质量变差。

铰刀铰孔时,由于铰削余量很小,切屑与前刀面的接触长度短,因此前角对切屑的变形影响不大。为便于制造和修磨,一般前角 $\gamma = 0°$。由于后角对铰刀的刀齿强度及铰孔质量影响较大,因此在保证铰刀强度和铰孔质量的前提下,应取较小的后角。一般铰刀的切削部分和校准部分的后角都磨成 5°～8°。

为了便于测量铰刀直径,铰刀的刀齿数往往都是采用偶数的。

铰刀刀齿在刀体圆周上的分布有等齿距分布和不等齿距分布两种形式(见图 6-28)。

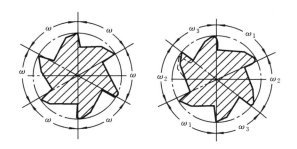

图 6-28　刀齿分布形式

采用不等齿距分布的铰刀,能获得较高的铰孔质量。这是因为被铰孔的材料各处的密度不可能完全一样,铰削时,当铰刀刀齿碰到材料中夹杂的某些硬点或孔壁上经粗钻后粘留下来的切屑时,铰刀会产生径向退让,使刀齿在孔壁上切出凹痕。此时,如果使用的铰刀的刀齿是等齿距分布的,则在继续铰削的过程中,各个刀齿每转到此处都会使铰刀重复产生径向退让,各刀齿重复切入孔壁上已切出的凹痕,使铰出的孔成多角形;如果使用的铰刀刀齿是不等齿距分布的,则铰刀重复产生径向退让时各刀齿不会重复切入已切出的凹痕,相反,它能将凹痕铰光,从而得到较高的铰孔质量。

　　手用铰刀的刀刃一般都是不等齿距分布的。机用铰刀在铰削时,由于它的锥柄是与机床主轴锥孔连接在一起的,因此受到的径向退让影响较小。为了便于制造,一般都是做成等齿距分布的。

　　工具厂出厂的新圆柱铰刀分为一号、二号、三号三种。其外径一般均留有 0.005～0.02 mm 的研磨量,供使用时按需要的尺寸进行研磨。各种号数的新铰刀铰削时适用的范围如表 6-4 所示。

表 6-4　工具厂出品的未经研磨的铰刀的直径公差及其适用范围

铰刀基本尺寸/mm	一号铰刀			二号铰刀			三号铰刀		
	上偏差/μm	下偏差/μm	公差/μm	上偏差/μm	下偏差/μm	公差/μm	上偏差/μm	下偏差/μm	公差/μm
3～6	17	9	8	30	22	8	38	26	12
>6～10	20	11	9	35	26	9	46	31	15
>10～18	23	12	11	40	29	11	53	35	18
>18～30	30	17	13	45	32	13	59	38	21
>30～50	33	17	16	50	34	16	68	43	25
>50～80	40	20	20	55	35	20	75	45	30
>80～120	46	24	22	58	36	22	85	50	35
未经研磨适用的场合	H9			H10			H11		
经研磨后适用的场合	N7、M7、K7、J7			H7			H9、H8		

　　机用铰刀一般用高速钢制造;手用铰刀有的用高速钢制造,有的用合金工具钢制造。

　　当高速铰孔或铰削硬材料的孔时,可采用硬质合金机用铰刀(见图 6-29)。常用的硬质合金机用铰刀刀片有 YG 和 YT 两类,可分别用来铰削铸铁和钢。铰削后孔的精度可达 IT7～IT8 级,表面粗糙度 Ra 值可达 0.4～0.8 μm。硬质合金铰刀的校准部分棱边较宽,一般为 0.1～0.25 mm;切削部分也磨有宽 0.01～0.07 mm 的棱边。为了改善铰削时的排屑条件,提高铰削平稳性,硬质合金铰刀常制成与切削方向成 3°～5° 的斜齿。其前角一般为 0°,后角为 3°。

　　由于用硬质合金铰刀铰削时会使孔产生严重的挤压变形,所以铰削后的孔有严重的收缩现象。因为切削条件不同,铰出的孔收缩量也不同,故在铰削前应先测量铰刀的直径,进行试铰;如孔径不符合要求,应研磨铰刀。

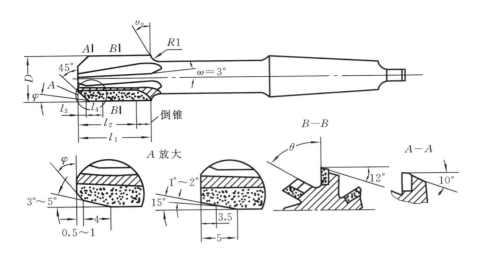

图 6-29　硬质合金机用铰刀

（2）螺旋槽整体式圆柱铰刀。

螺旋槽整体式圆柱铰刀如图 6-30 所示，铰削平稳，排屑顺利，切屑流向待加工表面，铰出的孔表面较光滑，也不会产生轴向刀痕。它的螺旋方向一般为左旋，螺旋角为 $10°\sim45°$，一般用它来铰削深孔或带键槽的孔。但左螺旋槽圆柱铰刀不能用来铰削不通孔。

2. 手用可调节圆柱铰刀

手用可调节圆柱铰刀可用来铰削各种特殊尺寸的非标准通孔。常用的手用可调节圆柱铰刀的结构如图 6-31 所示。

图 6-30　螺旋槽整体式圆柱铰刀

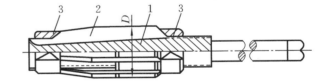

图 6-31　可调节圆柱铰刀
1—刀体；2—刀片；3—前后螺母

在刀体上铣有 6 条斜底直槽，具有同样斜度的刀片嵌在斜底槽内，利用前后螺母压紧刀片的两端。调节两端螺母可使刀片在刀体的斜底槽内移动，即能改变铰刀的直径以适应铰削各种不同直径的孔。

目前，工具厂生产的手用标准可调节圆柱铰刀直径范围为 $6\sim50$ mm，全套共 24 把。各把刀的直径调节范围为 $0.5\sim10$ mm。直径小于或等于 12.75 mm 的，其刀片用合金工具钢制造；直径大于 12.75 mm 的，其刀片用高速钢制造。

手用标准可调节圆柱铰刀的前角 $\gamma=0°$，切削部分后角 $\alpha=8°\sim10°$，校准部分后角 $\alpha=6°\sim8°$，并磨有宽 $0.25\sim0.4$ mm 的棱边。

3. 整体式锥度铰刀

整体式锥度铰刀可用来铰削各种圆锥孔。常用的整体式锥度铰刀有以下五种。

（1）1：10 锥度铰刀。它是机用铰刀，如图 6-32 所示，用于铰削各种锥度为 1：10 的锥孔，如联轴节上与柱销配合的锥孔等。它由粗、精两把铰刀组成一套。粗铰刀刃沟为直槽，刀齿上开有螺旋形分屑槽，以减轻铰削时的负荷。精铰刀刃沟为螺旋槽。其切削部分都是用高速钢制造的。

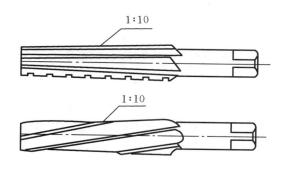

图 6-32　1：10 锥度铰刀

（2）圆锥形管螺纹铰刀。它也是机用铰刀，如图 6-33 所示，用于铰削锥度为 1：16 的圆锥形管螺纹底孔。其刃沟为直槽，切削部分用高速钢制造。

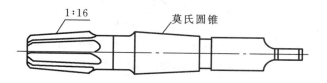

图 6-33　1：16 圆锥形管螺纹铰刀

（3）莫氏锥度铰刀。它适用于在钻床上铰削各种莫氏锥孔。它有手用和机用两种，如图 6-34 所示。它由粗、精两把铰刀组成一套。其刃沟形式均为直槽，粗铰刀刀齿上开有螺旋形分屑槽。其切削部分用高速钢或合金工具钢制造。

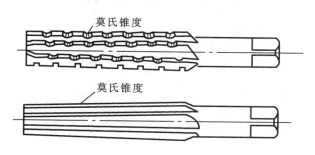

图 6-34　莫氏锥度铰刀

（4）1：30 锥度铰刀。它为手用铰刀，如图 6-35 所示，常用合金工具钢制造，用于铰削各种套式刀具上的锥孔。

（5）1：50 锥度销子铰刀。它分手用和机用两种，常用的是手用铰刀，其外形与 1：30 锥度铰刀（见图 6-35）相同。它常用高速钢或合金工具钢制造，用于铰削各种锥形定位

图 6-35　1：30 锥度铰刀

销孔。

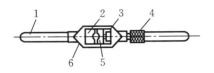

图 6-36　活动式铰杠

1—固定手柄；2—固定块；3—接头；

4—活动手柄；5—滑块；6—框架

（二）铰杠（铰刀扳手）

铰杠是手工铰孔的工具，常用的有活动式铰杠，如图 6-36 所示，将铰刀柄的方榫夹在铰杠的方孔内，扳动铰杠使铰刀旋转。生产中还有中部是球形和三孔的手用铰杠。

三、任务分析

铰孔时常见废品产生的原因如表 6-5 所示，铰孔时铰刀损坏的原因如表 6-6 所示。

表 6-5　铰孔时常见废品的产生原因

废 品 形 式	产 生 的 原 因
表面粗糙度达不到要求	1. 铰刀刃口不锋利或有崩裂，铰刀切削部分和校准部分不光滑； 2. 切削刃上黏有积屑瘤，容屑槽内切屑黏积过多； 3. 铰削余量太大或太小； 4. 切削速度太高，以致产生积屑瘤； 5. 铰刀退出时反转，手铰时铰刀旋转不平稳； 6. 切削液供应不充足或选择不当； 7. 铰刀偏摆过大； 8. 由于材料关系，不适宜用前角为 0°或负前角的铰刀
孔径扩大	1. 铰刀与孔的中心不重合，铰刀偏摆过大； 2. 进给量和铰削余量太大； 3. 切削速度太高，使铰刀温度上升，直径变大； 4. 铰刀直径不符合要求
孔径缩小	1. 铰刀超过磨损标准，尺寸变小仍继续使用； 2. 铰刀磨钝后继续使用，引起过大的孔径收缩； 3. 铰钢料时加工余量太大，铰好后内孔弹性复原而孔径缩小； 4. 铰铸铁时加了煤油
孔轴线不直	1. 铰孔前的预加工孔不直，铰小孔时由于铰刀刚性差，而未能使原有的弯曲度得到纠正； 2. 铰刀的切削锥角太大，导向不良，使铰削时方向发生偏移； 3. 手铰时，两手用力不匀

续表

废品形式	产生的原因
孔呈多角形	1. 铰削余量太大和铰刀不锋利,使铰削发生"啃切"现象,或发生振动而出现多角形; 2. 钻孔不圆,使铰孔时铰刀发生弹跳现象; 3. 钻床主轴振摆太大

表 6-6　铰孔时铰刀损坏的原因

损坏形式	损坏原因
过早磨损	1. 刃磨时未及时冷却,使切削刃退火; 2. 切削刃表面粗糙度值大,使耐磨性减弱; 3. 切削液选用不当,或切削液未能顺利地流入切削处; 4. 工件材料过硬
崩刃	1. 前后角太大,使切削刃强度减弱; 2. 机铰时,铰刀偏摆过大,切削负荷不均匀; 3. 铰刀退出时反转,使切屑卡入切削刃与孔壁之间; 4. 刃磨时切削刃已有裂纹
折断	1. 铰削用量太大,工件材料过硬; 2. 铰刀已被卡住,仍继续用力扳转,使铰刀受力过大; 3. 两手用力不均,铰刀中心线与孔的中心线不重合,向下压,进给量过大

四、任务准备

(一)铰孔前的准备工作

1. 铰刀的研磨

新的标准圆柱铰刀,由于其直径留有研磨余量,而且校准部分棱边的表面粗糙度也不很好,所以在用新铰刀铰 IT9 级精度以上的孔时,必须先把铰刀研磨到需要的尺寸精度。

研磨铰刀的研具有以下几种。

(1)径向调整式研具。它由壳套、研磨环和调整螺钉组成,如图 6-37 所示。研磨环的孔径是用精镗或本身铰刀铰出,其尺寸的胀缩是靠开有斜缝后的弹性变形,由调整螺钉控制。这种研具制造方便,使用灵活,但研磨环的孔径尺寸不易调到一致,故研磨精度不高。

(2)轴向调整式研具。它由壳套、研磨环、调整螺母和限位螺钉组成,如图 6-38 所示。旋动两端的调整螺母,使带槽的研磨环在限位螺钉的控制下做轴向位移,就可使研磨环的孔径得到调整。这种研具由于研磨环的孔径胀缩均匀、准确,能使尺寸公差控制在很小范围内,故适用于研磨精密铰刀。

(3)整体式研具。它是在铸铁棒上钻小于铰刀直径 0.2 mm 的孔,然后用需要研磨的

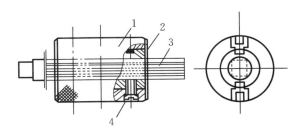

图 6-37　径向调整式研具

1—壳套；2—研磨环；3—铰刀；4—调整螺钉

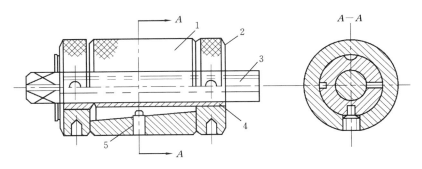

图 6-38　轴向调整式研具

1—壳套；2—调整螺母；3—铰刀；4—研磨环；5—限位螺钉

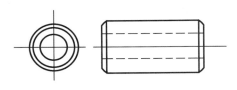

图 6-39　整体式研具

铰刀铰制而成,如图 6-39 所示。这种研具制造方便,但因没有调整量,故只适用于研磨精度要求不高的铰刀。

研磨铰刀用的磨料,一般是 200～500 号的氧化铝(研磨高速钢铰刀)或碳化硅、碳化硼(研磨硬质合金铰刀)粉末。使用时可用煤油调成膏状,作为研磨剂。

研磨时,铰刀由机床带动旋转(两端用顶尖顶住),旋转方向要与铰削方向相反。机床转速以 40～60 r/min 为宜。研磨环的尺寸应调整到能在铰刀上自由滑动和旋转为宜。研磨时用手握住研具做轴向均匀的往复移动。研磨过程中要随时注意质量检查,如发现铰刀沟槽中有过多的研垢时,应及时清除干净,并重新涂上研磨剂再研磨,以免研垢影响研磨效果。

2. 铰削用量的确定

铰削用量包括铰削余量、机铰时的切削速度和走刀量。铰孔时的铰削用量选择是否合理,对铰刀的耐用度及工作效率的高低、铰后孔的精度和表面粗糙度都有直接的影响。

(1) 铰削余量。铰削余量不宜太大或太小。如果铰削余量太小,铰削时不易校准上道工序的残留变形和铰去原有的加工刀痕,使铰孔的质量达不到要求;而且余量太小时,铰刀啃刮现象严重,将使铰刀迅速磨损。如果铰削余量过大,则势必加大每一刀齿的切削负荷,破坏铰削过程的稳定性,并产生较高的切削热使铰刀直径变大,铰削后的孔径也随之而增大;同时,切屑变形加剧,使孔的表面质量变差。铰削余量的选用如表 6-7 所示。

表 6-7　铰削余量

铰孔直径/mm	＜ 5	5～20	21～32	33～50	51～70
铰削余量/mm	0.1～0.2	0.2～0.3	0.3	0.5	0.8

（2）机铰时的切削速度和进给量。机铰时应合理选择切削速度和进给量，不能单纯为提高铰削效率而选得过大，否则铰刀容易磨损，也容易产生积屑瘤而影响孔的加工质量。机铰时，切削速度和进给量的选择如表 6-8 所示。

表 6-8　切削速度和进给量

铰　刀	工 件 材 料	切削速度/(m/min)	进给量/(mm/r)
高速钢铰刀	钢	4～8	0.4～0.8
	铸铁	10	0.8～1
	铜、铝	8～12	1～1.2
硬质合金铰刀	淬火钢	8～12	0.3～0.8

3. 切削液的选用

铰削时的切屑一般都很细碎，容易黏附在切削刃上，甚至夹在孔壁和铰刀校准部分的棱边之间，将已加工表面刮毛，使孔径扩大。当铰削过程中产生的切削热积聚过多，使切削温度升高，容易引起工件和铰刀的变形，并使工件表面质量变差和铰刀耐用度降低。因此铰削时，为了冲掉切屑，降低切削温度，必须合理地选用切削液。铰削时切削液可按表 6-9 来选用。

表 6-9　铰孔时切削液的选用

加 工 材 料	冷 却 润 滑 液
钢	1. 10％～20％乳化液； 2. 铰孔要求高时，采用 30％菜油加 70％乳化液； 3. 铰孔要求更高时，可用茶油、猪油等
铸铁	1. 不用； 2. 煤油，但会引起孔径缩小，最大缩小量达 0.04 mm； 3. 低浓度的乳化液
铝	煤油
铜	乳化液

五、任务实施

铰孔工作的要点如下所述。

（1）手工铰孔时必须注意以下几点。

① 工件装夹位置要正确，应尽可能使孔的中心线置于水平或垂直位置，以便掌握铰削的方向，使铰刀的中心线与孔的中心线重合；对薄零件的夹紧力不要过大，以免将孔夹扁，铰

后产生变形。

②在铰削过程中，两手用力要平衡，旋转铰手的速度要均匀；铰手不得摇摆，以保持铰削的稳定性，避免在孔的进出口处出现喇叭口或将孔径扩大。

③注意变换铰刀每次停歇的位置，以消除铰刀常在同一处停歇而造成的凹痕。

④铰削进给时，不要猛力压铰手，要随着铰刀的旋转轻轻地对铰手加压，使铰刀缓慢引进孔内，并均匀地进给，以减小铰削后的表面粗糙度。

⑤铰刀不能反转，即使退出时也不能反转。因为反转时会使切屑卡在孔壁和铰刀刀齿之间，将孔壁刮毛。同时，铰刀也容易磨损，甚至造成崩刃。

⑥铰削钢料时的切屑碎末容易黏附在刀齿上，故应经常清除，并用油石修光刀刃，以免刮毛孔壁。

⑦铰削过程中，如果铰刀被切屑卡住时，不能用猛力扳转铰手，强行铰削，而应仔细地退出铰刀，将切屑清除。继续铰削时要缓慢进给，以免在原处再次被卡住。

（2）机动铰孔时，除应注意手工铰孔的各项要点外，还应注意以下几点。

①必须严格保证钻床主轴、铰刀和工件孔三者的同轴度。

②开始铰削时，为了引导铰刀顺利铰进，应采用手动进给。当切削部分进入孔内后，即改用机动进给，以获得均匀的进刀量。

③在铰不通孔时，为防止切屑刮伤孔壁，影响表面粗糙度，应在铰削过程中，经常退出铰刀，以清除黏附在铰刀上的切屑和孔内切屑。

④铰通孔时，铰刀校准部分不能全部出头，以免将孔的出口处刮坏。

⑤在铰削过程中，必须加冷却液，以利于润滑和降低切削温度。

⑥铰孔完毕，应不停车退出铰刀，以免停车退出时在孔壁上拉出刀痕。

学习情境七 攻螺纹与套螺纹

在机械、电子、化工等行业中,螺纹应用很广泛。它主要用于连接和传动,除用机械方法加工螺纹外,钳工在装配与修理工作中,常用手工加工螺纹。

任务一 攻 螺 纹

一、任务目标

(1) 了解螺纹的形成、种类及各要素。
(2) 掌握攻螺纹的方法及操作技能。

二、背景知识

(一) 螺纹的形成

将一底边为 AB,长度等于 πd 的直角三角形 ABC,围绕在一直径为 d 的圆柱体表面上,使底边与圆柱体的底边相重叠,它的斜边 AC 在圆柱体表面上形成一条螺旋线,即是螺纹的基准线,如图 7-1 所示。沿着螺旋线加工成一定形状的凹槽,即在圆柱表面上形成了一定形状的螺纹。

在圆柱体表面上的螺纹称为阳螺纹或外螺纹;在圆孔壁上的螺纹称为阴螺纹或内螺纹。按螺纹在圆柱面上绕行方向分,螺纹方向有右旋(正扣)和左旋(反扣)两种。螺纹从左向右升高称为右旋螺纹,按顺时针方向旋进;与此相反称为左旋螺纹,如图 7-2 所示。根据用途不同,在圆柱面上的螺旋线头数有单头、双头和多头几种;螺纹头数越多,传递速度越快。

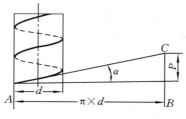

图 7-1 螺旋线的形成

图 7-2 判断左右旋螺纹的方法

1—左旋螺纹;2—右旋螺纹

（二）螺纹的种类

螺纹的种类较多,主要可分为标准螺纹、特殊螺纹(螺纹牙型符合标准螺纹规定,而大径和螺距不符合标准)和非标准螺纹(有方形螺纹、平面螺纹等)三大类。

标准螺纹又可分为三角螺纹、管螺纹、梯形螺纹和锯齿形螺纹四种。三角螺纹还可分为普通螺纹和英制螺纹,其中普通螺纹又有粗牙螺纹和细牙螺纹之分;管螺纹也有圆柱管螺纹、55°圆锥管螺纹和60°圆锥管螺纹(布氏螺纹)之分;梯形螺纹也有公制梯形螺纹与英制梯形螺纹之分。

（三）螺纹的要素

螺纹的要素有牙型、大径、螺距(导程)、头数、精度和旋转方向等。根据这些要素来加工螺纹。三角螺纹的主要尺寸如图 7-3 所示。

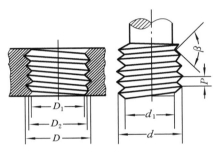

图 7-3   三角螺纹的各部名称

1. 大径(d,D)

大径是螺纹的最大直径(外螺纹的牙顶直径、内螺纹的牙底直径),即螺纹的公称直径。

2. 小径(d_1,D_1)

小径是螺纹的最小直径,即外螺纹的牙底直径,内螺纹的牙顶直径。

3. 中径(d_2,D_2)

平分螺纹理论高度的一个假想圆柱体的直径称为中径。无论公制螺纹或英制螺纹,中径母线上的牙宽(槽宽)等于螺距的一半(英制螺纹 $d_2=\dfrac{d+d_1}{2}$)。

4. 螺距(P)

螺距是相邻两牙对应点间的轴向距离。

5. 导程(P_h)

螺纹上一点沿螺旋线转一周时,该点沿轴线方向所移动的距离称为导程。单线螺纹的导程等于螺距。导程与螺距的关系可用下式表达:

$$多线螺纹导程(P_h)＝线数(n)×螺距(P)$$

6. 精度

螺纹精度分精密级、中等级和粗糙级三个等级。精密级用于精密螺纹以及要求配合性质稳定和保证定位精度的螺纹;中等级广泛用于一般的螺纹;粗糙级用于不重要的螺纹以及制造困难的螺纹,如较深的盲孔中的螺纹。

（四）螺纹的应用及代号

1. 螺纹的应用范围

各种螺纹的牙型如图 7-4 所示。

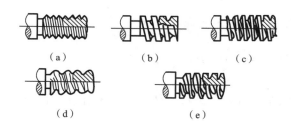

图 7-4 各种螺纹的牙型

(a) 三角形螺纹;(b) 方形螺纹;(c) 梯形螺纹;(d) 半圆形螺纹;(e) 锯齿形螺纹

(1) 三角形螺纹应用很广泛,例如设备零件的连接等。

(2) 梯形和方形螺纹(非标准螺纹)主要应用在传动和受力的机械上。如发电厂气门和水门的传动门杆,以及机床上的传动丝杠等。

(3) 管螺纹主要应用在管子连接上,如水管连接及螺丝口灯泡等。

(4) 锯齿形螺纹主要应用在承受单面压力的机械上,如冲床上的冲头螺杆等。

2. 螺纹种类代号

各种螺纹有统一规定的代号,如普通螺纹用 M 表示,梯形螺纹用 Tr 表示,非密封圆柱管螺纹用 G 表示(密封圆柱管螺纹用 Rp 表示),圆锥管螺纹用 NPT 表示,锯齿形螺纹用 B 表示等。一般都采用公制螺纹,只在某些配件上采用英制螺纹。

3. 螺纹测量

为了弄清螺纹的尺寸规格,必须对螺纹的大径、螺距和牙型进行测量,以利于加工及质量检查,测量方法一般有如下几种。

(1) 用游标卡尺测量螺纹大径,如图 7-5 所示。

(2) 用螺纹样板量出螺距及牙型,如图 7-6 所示。

图 7-5 用游标卡尺测量螺纹大径

图 7-6 用螺纹样板测量螺纹螺距、牙型

(3) 用钢尺量出英制螺纹每英寸的牙数,如图 7-7 所示。

(4) 用已知螺纹或丝锥放在被测量的螺纹上测出是哪一种规格的螺纹,如图 7-8 所示。

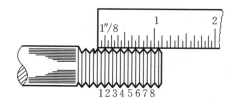

图 7-7 用英制钢尺测量英制螺纹牙数

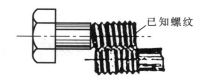

图 7-8 用已知螺纹测定公、英制螺纹的方法

（五）攻螺纹的工具

用丝锥在孔中切削加工内螺纹的方法，称为攻螺纹。

1. 丝锥

丝锥又称为螺丝攻，是一种加工内螺纹的刀具。因其制造简单，使用方便，所以应用很广泛。

（1）丝锥的种类。

丝锥的种类较多，按使用方法不同，可分为手用丝锥和机用丝锥两大类。

手用丝锥是手工攻螺纹时用的一种丝锥（见图 7-9）。它常用于单件、小批生产及各种修配工作中。

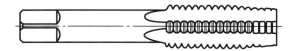

图 7-9　手用丝锥

机用丝锥是通过攻螺纹夹头，装夹在机床上使用的一种丝锥（见图 7-10）。它的形状与手用丝锥相仿，不同的是其柄部除铣有方榫外，还割有一条环形槽。

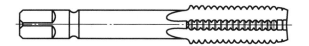

图 7-10　机用丝锥

由于机用丝锥的螺纹齿形一般都经过磨削，而且 M12 以上的机用丝锥，齿侧面还要铲磨出微小的后角，所以攻出的螺纹精度和表面粗糙度都较好。

按其用途不同丝锥又可以分为普通螺纹丝锥、英制螺纹丝锥、圆柱管螺纹丝锥、圆锥管螺纹丝锥、板牙丝锥、螺母丝锥、校准丝锥及特殊螺纹丝锥（如梯形螺纹丝锥）等。

（2）成套丝锥的切削用量分配。

为了合理地分配攻螺纹的切削负荷，提高丝锥的耐用度和螺纹质量，攻螺纹时，将整个切削负荷加以合理分配，由几支丝锥来承担。丝锥负荷的分配，一般有两种形式：锥形分配和柱形分配。

① 锥形分配（见图 7-11）。锥形分配是指在一组丝锥中，各支丝锥的大径和中径都相同，并具有螺纹成品尺寸。它们的区别仅在于切削部分的长度和锥角不同：采用锥形分配形式制成的手用普通螺纹丝锥，不管何种规格都做成两支一组；机用普通螺纹丝锥做成一支一组。

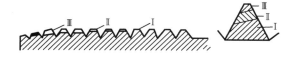

图 7-11　丝锥的锥形分配

② 柱形分配（见图7-12）。柱形分配是指一组丝锥中各支丝锥的大径和中径都不相同，只有精攻丝锥（Ⅱ锥或Ⅲ锥）才具有螺纹成品尺寸。各支丝锥除大径和中径尺寸不同外，切削部分长度和锥角也不同。采用柱形分配形式制成的各种手用普通螺纹丝锥和机用普通螺纹丝锥，可做成两支一组或三支一组的。

图7-12 丝锥的柱形分配

柱形分配形式的丝锥，由于切削负荷分配合理，因此攻螺纹省力，丝锥磨损均匀，而且当精攻丝锥攻螺纹时齿纹两侧刃也参加切削，攻出的螺纹精度和表面粗糙度都较好；但是由于一组内各支丝锥的螺纹尺寸都不同，因此在加工通孔或不通孔螺纹时，都必须经过精攻丝锥（Ⅱ锥或Ⅲ锥）攻螺纹，故生产率较低。

2. 铰手

铰手是手工攻螺纹时用的一种辅助工具。铰手分普通铰手（见图7-13）和丁字铰手（见图7-14）两类。

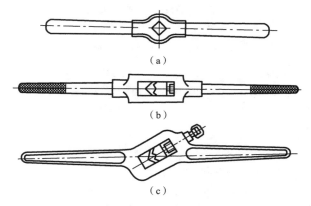

（a）

（b）

（c）

图7-13 普通铰手

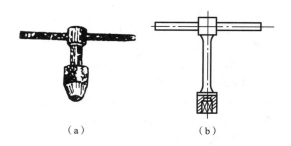

（a） （b）

图7-14 丁字铰手

（a）可调试；（b）固定式

普通铰手又分固定铰手和活络铰手两种。一般攻M5以下的螺纹孔时，宜用固定铰手。活络铰手的方孔尺寸可以调节，因此应用的范围较广。

丁字铰手适用于在攻工件台阶旁边的螺孔或机体内部的螺孔时装夹丝锥。小的丁字铰手分固定式和可调式两种。可调式丁字铰手一般可用来装夹 M6 以下的丝锥；大尺寸的丁字铰手都是固定式的。

3. 攻螺纹夹头

在钻床上攻螺纹时，要用攻螺纹夹头来装夹丝锥和传递攻螺纹扭矩。目前常用的是简易式攻螺纹夹头，它的结构如图 7-15 所示。主体的锥柄可安装在钻床主轴孔内，螺钉把丝锥与套筒连在一起。套筒靠平键可沿主体左右滑动，但不能转动。攻螺纹时套筒随主体旋转并带动丝锥工作；当攻到一定深度时，键与套筒脱离，于是丝锥便停止攻螺纹。套筒的方孔可按丝锥规格做成各种不同尺寸，以供不同的丝锥使用。

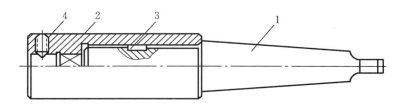

图 7-15　简易式攻螺纹夹头
1—主体；2—套筒；3—平键；4—螺钉

简易式攻螺纹夹头的优点是结构简单、制造方便，缺点是没有安全装置。当切削力过大时，容易折断丝锥，甚至损坏工件。

此外还有锥体摩擦式攻螺纹夹头、摩擦片式攻螺纹夹头、浮动式攻螺纹夹头等。

三、任务分析

攻螺纹时常见废品产生的原因如表 7-1 所示。

表 7-1　攻螺纹时常见废品的产生原因

废品形式	产　生　原　因
烂牙	1. 螺纹底孔直径太小，丝锥攻不进，孔口烂牙； 2. 丝锥磨钝； 3. 手攻时，铰手掌握不正，丝锥左右摇摆，造成孔口烂牙； 4. 机攻时，丝锥校正部分全部攻出头，退出时造成烂牙； 5. 一锥丝锥攻螺纹位置不正，而在二锥、三锥攻螺纹时强行纠正； 6. 二锥、三锥攻螺纹时，未与一锥丝锥攻出的螺纹旋合就强行攻削； 7. 攻螺纹时，丝锥没有经常倒转； 8. 攻不通孔时，丝锥到底后仍继续扳转； 9. 丝锥退出时，用铰手带着退； 10. 丝锥刀齿上黏有积屑瘤； 11. 没有使用合适的切削润滑液

续表

废 品 形 式	产 生 原 因
螺纹歪斜	1. 手攻时,丝锥位置不正; 2. 机攻时,丝锥与螺纹不同心
螺纹中径大 (齿形瘦)	1. 在强度低的材料上攻螺纹时,丝锥切削部分切入螺孔后仍对丝锥施加压力; 2. 机攻时,丝锥晃动,或切削刃磨得不对称
螺纹牙深不够	1. 攻螺纹前底孔直径过大; 2. 丝锥磨损
螺纹表面 粗糙度值太大	1. 丝锥前、后刀面及容屑槽表面粗糙度值太大; 2. 丝锥切削部分、校准部分前后角太小; 3. 丝锥磨钝; 4. 攻螺纹过程中,丝锥没有经常倒转; 5. 丝锥刀齿上黏有积屑瘤; 6. 没有使用合适的切削润滑液; 7. 切屑流向已加工表面

四、任务准备

攻螺纹前的准备工作。

(一)螺纹底孔直径的确定

攻螺纹时,丝锥的切削刃除起切削作用外,还对工件材料产生挤压作用。被挤压出来的材料凸出在工件螺纹牙形的顶端,嵌在丝锥刀齿根部的空隙中(见图 7-16)。

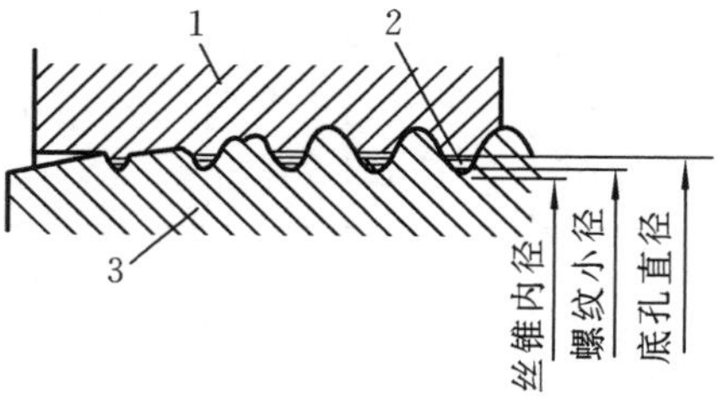

此时,如果丝锥刀齿根部与工件螺纹牙形顶端之间没有足够的空隙,丝锥就会被挤压出来的材料轧住,造成崩刃、折断和工件螺纹烂牙。因此,攻螺纹时螺纹底孔直径必须大于标准规定的螺纹小径。

图 7-16　攻螺纹时的挤压作用
1—工件;2—挤压出的金属;3—丝锥

螺纹底孔直径的大小应根据工件材料的塑性和钻孔时的扩张量来考虑,使攻螺纹时既有足够的空隙来容纳被挤出的材料,又能保证加工出来的螺纹具有完整的齿形。

加工普通螺纹底孔的钻头直径既可按表 7-2 中的公式计算,也可直接按表 7-3 选用。加工英制螺纹、圆柱管螺纹和圆锥管螺纹底孔的钻头直径可按表 7-4 和表 7-5 选用。

表 7-2　加工普通螺纹底孔的钻头直径计算公式

被加工材料和扩张量	钻头直径计算公式
钢和其他塑性大的材料，扩张量中等	$d_2 = d - P$
铸铁和其他塑性小的材料，扩张量较小	$d_2 = d - (1.05 \sim 1.15)P$

说明：d_2——攻螺纹前钻头直径(mm)；d——螺纹公称直径(mm)；P——螺距(mm)。

表 7-3　加工普通螺纹前钻底孔的钻头直径

公称直径 d	螺距 P	钻头直径 d_2 铸铁、青铜、黄铜	钢、可锻铸铁、紫铜、层压板	公称直径 d	螺距 P	钻头直径 d_2 铸铁、青铜、黄铜	钢、可锻铸铁、紫铜、层压板
2	0.4	1.6	1.6	14	2	11.8	12
	0.25	1.75	1.75		1.5	12.4	12.5
					1	12.9	13
2.5	0.45	2.05	2.05	16	2	13.8	14
	0.35	2.15	2.15		1.5	14.4	14.5
					1	14.9	15
3	0.5	2.5	2.5	18	2.5	15.3	15.5
	0.35	2.65	2.65		2	15.8	16
					1.5	16.4	16.5
4	0.7	3.3	3.3		1	16.9	17
	0.5	3.5	3.5	20	2.5	17.3	17.5
5	0.8	4.1	4.2		2	17.8	18
	0.5	4.5	4.5		1.5	18.4	18.5
6	1	4.9	5		1	18.9	19
	0.75	5.2	5.2	22	2.5	19.3	19.5
8	1.25	6.6	6.7		2	19.8	20
	1	6.9	7		1.5	20.4	20.5
	0.75	7.1	7.2		1	20.9	21
10	1.5	8.4	8.5	24	3	20.7	21
	1.25	8.6	8.7		2	21.8	22
	1	8.9	9		1.5	22.4	22.5
	0.75	9.1	9.2		1	22.9	23
12	1.75	10.1	10.2				
	1.5	10.4	10.5				
	1.25	10.6	10.7				
	1	10.9	11				

表 7-4 英制螺纹、圆柱管螺纹攻螺纹前钻底孔的钻头直径

英 制 螺 纹				圆 柱 管 螺 纹		
公称直径/英寸	每英寸牙数	钻头直径/mm		公称直径/英寸	每英寸牙数	钻头直径/mm
		铸铁、青铜、黄铜	钢、可锻铸铁、紫铜			
3/16	24	3.8	3.9	1/8	28	8.8
1/4	20	5.1	5.2	1/4	19	11.7
5/16	18	6.6	6.7	3/8	19	15.2
3/8	16	8	8.1	1/2	14	18.6
1/2	12	10.6	10.7			
5/8	11	13.6	13.8	3/4	14	24.4
3/4	10	16.6	16.8			
7/8	9	19.5	19.7	1	11	30.6
1	8	22.3	22.5			
$1\frac{1}{8}$	7	25	25.2	$1\frac{1}{4}$	11	39.2
$1\frac{1}{4}$	7	28.2	28.4			
$1\frac{1}{2}$	6	34	34.2	$1\frac{3}{8}$	11	41.6
$1\frac{3}{4}$	5	39.5	39.7			
2	$4\frac{1}{2}$	45.3	45.6	$1\frac{1}{2}$	11	45.1

注:1 英寸=25.4 mm。

表 7-5 圆锥管螺纹攻螺纹前钻底孔的钻头直径

55°圆锥管螺纹			60°圆锥管螺纹		
公称直径/英寸	每英寸牙数	钻头直径/mm	公称直径/英寸	每英寸牙数	钻头直径/mm
1/8	28	8.4	1/8	27	8.6
1/4	19	11.2	1/4	18	11.1
3/8	19	14.7	3/8	18	14.5
1/2	14	18.3	1/2	14	17.9
3/4	14	23.6	3/4	14	23.2
1	11	29.7	1	$11\frac{1}{2}$	29.2
$1\frac{1}{4}$	11	38.3	$1\frac{1}{4}$	$11\frac{1}{2}$	37.9
$1\frac{1}{2}$	11	44.1	$1\frac{1}{2}$	$11\frac{1}{2}$	43.9
2	11	55.8	2	$11\frac{1}{2}$	56

（二）丝锥的修磨

为了保证丝锥能顺利地攻螺纹,攻螺纹前应对丝锥进行认真的检查和修磨。当丝锥的切削部分磨损时,可以在砂轮机上修磨其后刀面（见图 7-17）。修磨时应注意保持切削部分各刀齿的半锥角及长度的一致性和准确性。

当丝锥的校准部分磨损时,应修磨丝锥的前刀面。如果磨损少,可用柱形油石涂一些机油进行研磨;如果磨损严重,应在工具磨床上用棱角修圆的片状砂轮修磨（见图 7-18）,修磨时应控制好丝锥的前角。

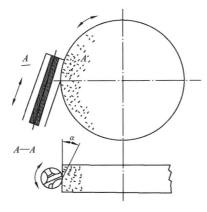

图 7-17　修磨丝锥切削部分的后刀面

图 7-18　修磨丝锥的前刀面

（三）切削液的选用

为了减小螺孔的表面粗糙度,延长丝锥的使用寿命,攻螺纹时应合理选用切削液。攻各种常用材料的螺孔时,切削液的选用如表 7-6 所示。

表 7-6　攻螺纹和套螺纹用的切削液

工件材料及螺纹精度		切　削　液
钢	精度要求一般	N38 机油、乳化液
	精度要求较高	菜油、二硫化钼
不锈钢		N32 机油,黑色硫化油
灰铸铁	精度要求一般	不用切削液
	精度要求较高	煤油
可锻铸铁		乳化液
黄铜、青铜		不用切削液
紫铜		浓度较高的乳化液
铝、铝合金		浓度较高的乳化液

五、任务实施

（一）手工攻螺纹

手工攻螺纹时必须注意以下几点。

（1）攻螺纹前螺纹底孔的孔口要倒角，通孔螺纹两端孔口都要倒角。这样可使丝锥容易切入，并防止攻螺纹后孔口的螺纹崩裂；工件的装夹位置要正确，应尽量使螺孔中心线置于水平或垂直位置，其目的是攻螺纹时便于判断丝锥是否垂直于工件平面。

（2）开始攻螺纹时，应把丝锥放正，然后施加适当压力并转动铰手，当切削部分切入工件1～2圈时，用目测或角尺检查、校正丝锥的位置（见图7-19）。当切削部分全部切入工件时，应停止对丝锥施加压力，只需平稳地转动铰手靠丝锥螺纹的自然旋进攻螺纹。

（3）当切削部分全部切入工件后，为了避免切屑过长咬住丝锥，攻螺纹时应经常将丝锥反方向转动1/2圈左右，使切屑碎断后容易排出。

（4）攻不通孔螺纹时，要经常退出丝锥，排除孔中的切屑。当将要攻到孔底时，更应及时排除孔底积屑，以免攻到孔底时丝锥被轧住。

（5）攻通孔螺纹时，丝锥校准部分不应全部攻出头，否则会扩大或损坏孔口最后几牙螺纹。

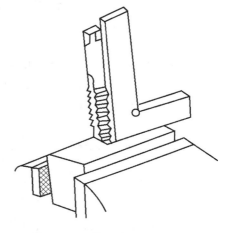

图7-19　用角尺检查丝锥的位置

（6）丝锥退出时，应先用铰手带动丝锥平稳地反向转动。当能用手直接旋动丝锥时，应停止使用铰手，以防铰手带动丝锥退出时产生摇摆和振动，破坏螺纹尺寸精度和表面质量。

（7）在攻螺纹过程中，换用另一支丝锥时，应先用手将丝锥旋入已攻出的螺孔中，直到用手旋不动时，再用铰手攻螺纹。

（8）在攻材料硬度较高的螺孔时，应Ⅰ锥、Ⅱ锥交替攻削，这样可减轻Ⅰ锥切削部分的负荷，防止丝锥折断。

（二）机动攻螺纹

攻螺纹前应先按表7-7选用合适的切削速度。当丝锥即将进入螺纹底孔时，进刀要慢，以防丝锥与螺孔发生撞击。在丝锥切削部分开始攻螺纹时，应在机床进刀手柄上施加均匀的压力，帮助丝锥切入工件。当切削部分全部切入工件时，应立即停止对进刀手柄施加压力，并靠螺纹丝锥自然旋进攻螺纹。

攻通孔螺纹时，丝锥的校准部分不能全部攻出头，否则在开倒车退出丝锥时，会使螺纹产生烂牙。

表 7-7　攻螺纹速度

工 件 材 料	切削速度/（m/min）
一般钢材	6～15
调质钢或较硬钢	5～10
不锈钢	2～7
铸铁	8～10

任务二　套　螺　纹

用板牙在圆杆或管子上切削加工外螺纹的方法称为套螺纹。

一、任务目标

掌握套螺纹的方法及操作技能。

二、背景知识

套螺纹的工具有圆板牙、管螺纹板牙和板牙铰手等。

（一）圆板牙

圆板牙是一种加工外螺纹的刀具。其外形像一只圆螺母，在端面上钻有几只排屑孔，以形成刀刃并容纳和排出切屑。圆板牙因结构简单，制造和使用方便，故应用广泛。

圆板牙由切削部分和校准部分组成，如图 7-20 所示。其外圆上有几个紧定螺钉锥坑和一条 V 形槽。

锥坑用来把圆板牙固定在铰手中，并传递切削扭矩。V 形槽在圆板牙制造过程中用作工艺定位。新的圆板牙 V 形槽与出屑孔是不通的，但当使用过久，校准部分磨损时，可

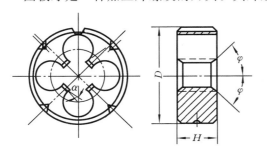

图 7-20　圆板牙

用锯片砂轮沿 V 形槽中心割出一条通槽，此时 V 形槽成为调整槽，使用时可通过铰手的紧定螺钉使圆板牙螺纹孔径缩小。由于受结构的限制，螺纹孔径的调整量一般为 0.10～0.25 mm。

圆板牙两端的锥角（2φ）部分是切削部分，其顶刃后角 $\alpha = 7° \sim 9°$，锥角 $2\varphi = 40° \sim 50°$。校准部分具有完整的齿形，用来校准已切出的螺纹并引导板牙沿轴向进给。

（二）管螺纹板牙

管螺纹板牙分圆柱管螺纹板牙和圆锥管螺纹板牙两种。圆柱管螺纹板牙的结构与圆板牙相仿,圆锥管螺纹板牙的结构如图 7-21 所示。

圆锥管螺纹板牙只在单面制成切削部分,因此只能单面套螺纹。套螺纹时由于所有的刀刃都参加切削,故切削很费力;圆锥管螺纹板牙的切削长度会影响管牙的尺寸,因此套螺纹时要经常检查,不能使切削长度超过太多,一般只要相配件旋合后能满足要求就可以了。

（三）板牙铰手

板牙铰手是手工套螺纹时用的辅助工具。其外形如图 7-22 所示。

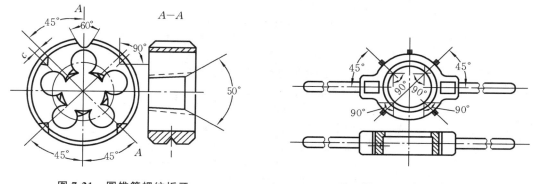

图 7-21　圆锥管螺纹板牙　　　　　图 7-22　板牙铰手

板牙铰手的外圆旋有四只紧定螺钉和一只调松螺钉。使用时,紧定螺钉将板牙紧固在铰手孔中,并传递套螺纹时的切削扭矩。当使用的圆板牙带有 V 形调整槽时,通过调节上面两只紧定螺钉和调松螺钉,可使板牙螺纹直径在一定范围内变动。

三、任务分析

套螺纹时常见废品的产生原因如表 7-8 所示。

表 7-8　套螺纹时常见废品产生的原因

废品形式	产生原因
烂牙	1. 圆杆直径太大; 2. 板牙磨钝; 3. 套螺纹时,板牙没有经常倒转; 4. 铰手掌握不稳,套螺纹时板牙左右摇摆; 5. 板牙歪斜太多,套螺纹时强行修正; 6. 板牙刀刃上有切屑瘤; 7. 用带调整槽的板牙套螺纹时,第二次套螺纹板牙没有与已切出的螺纹旋合,就强行套螺纹; 8. 没有使用合适的切削润滑液

废 品 形 式	产 生 原 因
螺纹歪斜	1. 板牙端面与圆杆不垂直； 2. 用力不均匀，铰手歪斜
螺纹中径小 （齿形瘦）	1. 由于板牙端面与圆杆不垂直而多次纠正，使部分螺纹切去过多； 2. 板牙已切入仍施加压力
螺纹牙深不够	1. 圆杆直径太小； 2. 用带调整槽的板牙套螺纹时，直径调节太大
螺纹表面质量差	与攻螺纹时的产生原因一样

丝锥和板牙损坏的原因如表 7-9 所示。

表 7-9　丝锥和板牙损坏的原因

损 坏 形 式	产 生 原 因
崩牙或扭断	1. 工件材料硬度太高，或硬度不均匀； 2. 丝锥或板牙切削部分刀齿前后角太大； 3. 螺纹底孔直径太小或圆杆直径太大； 4. 丝锥或板牙位置不正； 5. 用力过猛，铰手掌握不稳； 6. 丝锥或板牙没有经常倒转，致使切屑将容屑槽堵塞； 7. 刀齿磨钝，并黏附有积屑瘤； 8. 没有使用合适的切削润滑液； 9. 攻不通孔时，丝锥碰到孔底后仍继续扳转； 10. 套台阶旁的螺纹时，板牙碰到台阶仍继续扳转

四、任务准备

套螺纹前的准备工作。

（一）圆杆直径的确定

板牙套螺纹与丝锥攻螺纹一样，切削刃除起切削作用外，还对工件材料产生挤压作用。因此，为了提高板牙的使用寿命和套螺纹后螺纹的精度，减小表面粗糙度值，套螺纹前应将圆杆的直径加工得比螺纹大径小些。同时，为了便于板牙切削部分切入工件，以及板牙端面与圆杆轴线保持垂直，圆杆端部应倒成 $15°\sim20°$ 的斜角。倒角后形成的锥体小端直径应比螺纹小径小，以免套螺纹后螺纹起端产生锋口，影响使用。

圆杆直径一般可用公式计算，即

$$D=d-0.13P$$

式中　D——圆杆直径；

　　　d——螺纹大径；

P——螺距。

各种螺纹套螺纹前的圆杆直径也可分别按表 7-10 来选择。

表 7-10　板牙套螺纹时圆杆的直径

粗牙普通螺纹				英制螺纹			圆柱管螺纹		
螺纹直径/mm	螺距/mm	螺杆直径/mm		螺纹直径/英寸	螺杆直径/mm		螺纹直径/英寸	管子外径/mm	
		最小直径	最大直径		最小直径	最大直径		最小直径	最大直径
M6	1	5.8	5.9	1/4	5.9	6	1/8	9.4	9.5
M8	1.25	7.8	7.9	5/16	7.4	7.6	1/4	12.7	13
M10	1.5	9.75	9.85	3/8	9	9.2	3/8	16.2	16.5
M12	1.75	11.75	11.9	1/2	12	12.2	1/2	20.5	20.8
M14	2	13.7	13.85	—	—	—	5/8	22.5	22.8
M16	2	15.7	15.85	5/8	15.2	15.4	3/4	26	26.3
M18	2.5	17.7	17.85	—	—	—	7/8	29.8	30.1
M20	2.5	19.7	19.85	3/4	18.3	18.5	1	32.8	33.1
M22	2.5	21.7	21.85	7/8	21.4	21.6	$1\frac{1}{8}$	37.4	37.7
M24	3	23.65	23.8	1	24.5	24.8	$1\frac{1}{4}$	41.4	41.7
M27	3	26.65	26.8	$1\frac{1}{4}$	30.7	31	$1\frac{3}{8}$	43.8	44.1
M30	3.5	29.5	29.8	—	—	—	$1\frac{1}{2}$	47.3	47.6
M36	4	35.6	35.8	$1\frac{1}{2}$	37	37.3			
M42	4.5	41.55	41.75						
M48	5	47.5	47.7						
M52	5	51.5	51.7	—	—	—	—	—	—
M60	5.5	59.45	59.7						
M64	6	63.4	63.7						
M68	6	67.4	67.7						

（二）切削液的选用

与攻螺纹一样,套螺纹时必须选用合适的切削液。套各种常用材料的螺纹时,切削液可按表 7-6 选用。

五、任务实施

（一）套螺纹要点

套螺纹时必须注意以下几点。

(1) 为了防止圆杆夹持出现偏斜和夹出痕迹,圆杆应装夹在用硬木制成的 V 形钳口或软金属制成的衬垫中。

（2）套螺纹时应保持板牙端面与圆杆轴线垂直，否则套出的螺纹两面会深浅不一致，甚至烂牙。

（3）在开始套螺纹时，可用手掌按住板牙中心，适当施加压力并转动铰手。当板牙切入圆杆1~2圈时，应目测检查和校正板牙的位置。当板牙切入圆杆3~4圈时，应停止施加压力，而仅平稳地转动铰手，靠板牙螺纹自然旋进套螺纹。

（4）为了避免切屑过长，套螺纹过程中板牙应经常倒转。

（二）从螺纹孔中取出断丝锥的常用方法

攻螺纹时，如果丝锥扭断在螺孔中，应先把螺孔中的断丝锥碎块和切屑清除干净，然后按实际情况分别选用下列方法。

（1）当断丝锥有一段露出螺孔外时，可用凿子或冲头抵在丝锥容屑槽上，用手锤顺着退出方向和旋进方向反复轻轻敲打，直到丝锥能旋转时再用钢丝钳夹住取出；也可在断丝锥露出部分焊上一只短六角螺钉，然后按退出方向扳转六角螺钉，将断丝锥旋出。

（2）若断丝锥完全埋在螺孔内时，可自制旋出工具，将断丝锥旋出（见图7-23）。旋出工具上的短柱个数应与丝锥容屑槽数相同。使用时，把旋出工具插入丝锥容屑槽内，按退出方向扳转旋出工具的方榫，就可旋出断丝锥。

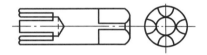

图 7-23　断丝锥旋出工具

（3）用乙炔火焰或喷灯将孔中断丝锥退火，然后用钻头将断丝锥中部钻去，孔钻好后用一只方头样冲敲入钻出的孔内，用扳手扳转方头样冲，将残余丝锥旋出。

（4）在带方榫的一段断丝锥上旋上两只螺母，另用几根钢丝插入上下两段断丝锥和螺母间的空槽中，然后用铰手朝丝锥退出方向扳转方榫，靠空槽中的钢丝把螺孔中的一部分断丝锥旋出（见图7-24）。

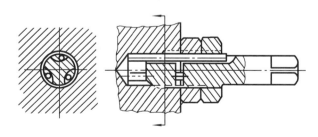

图 7-24　用钢丝插入槽内取出断丝锥的方法

（5）如果丝锥断在不锈钢工件中，可以用硝酸进行腐蚀。因为不锈钢能耐硝酸腐蚀，而高速钢丝锥在硝酸中腐蚀很快，腐蚀到能松动时，丝锥就可取出。

学习情境八　矫正与弯曲

用手工或机械消除原材料的不平、不直、翘曲或零件变形的操作称为矫正。将板料、条料、棒料、管子或其他型材弯成所需形状的加工方法称为弯曲。

一、任务目标

(1) 了解矫正和弯曲的定义和原理。
(2) 掌握矫正和弯曲的操作技能。

二、背景知识

（一）矫正

1. 金属材料矫正前后的特征

金属板材(型材)的不平、不直或翘曲等缺陷的产生,主要是由于轧制或剪切时,在外力作用下内部组织发生变化所产生的残余应力引起的变形;材料在运输和存放时处理不当,也会引起变形。

金属材料变形有两种形式。一种是暂时的、可以恢复的变形,称为弹性变形。另一种是永久的、不可恢复的变形,称为塑性变形。矫正则是利用材料的塑性变形,去消除其不应有的不平、不直或翘曲等缺陷的操作。因此,只有塑性好的金属材料才能进行矫正。

矫正主要取决于材料的力学性能:塑性好的材料(如钢、铜、铝等)适于矫正;塑性差而脆性大、硬度高的材料(如铸铁、淬火钢)不能矫正。

经多次矫正不仅改变了工件的形状,而且使硬度增加,塑性降低,这种现象称为冷作硬化。这种变化给矫正和其他冷加工带来一定的困难。工件出现冷作硬化后,可用退火处理的方法,使其恢复原来的力学性能。

金属板材、型材矫正的实质,就是使其产生新的塑性变形去消除原来不应有的变形。

按矫正时产生矫正力的方法,矫正可以分为手工矫正、机械矫正、火焰矫正和高频热点矫正等。其中手工矫正是钳工经常采用的矫正方法。

2. 手工矫正工具

(1) 平板和铁砧。平板和铁砧是消除板材型材的不平、不直或翘曲等缺陷的基座。

(2) 软、硬手锤。矫正普通板材、型材通常使用钳工手锤和方头手锤。矫正已加工过的表面、薄钢板或非铁金属制件应用铜锤、木锤或橡皮锤等软手锤。图 8-1 所示为木锤矫正薄钢板料。

（3）抽条和拍板。抽条是采用条状薄板料弯成的简易手工工具，用于抽打较大面积的薄板料，如图 8-2 所示。拍板是用质地较硬的檀木制成的专用工具，用于敲打板材。

（4）螺旋压力工具，适用于矫正较大的轴类零件或棒材。

（5）检验工具。一般使用平板、角尺、直尺和百分表等作为检验工具。

图 8-1　木锤矫正薄钢板

图 8-2　用抽条抽平板料

（二）弯曲

弯曲工作是使材料产生塑性变形，因此只有塑性好的材料才能进行弯曲。图 8-3（a）所示为弯曲前的钢板，图 8-3（b）所示为钢板弯曲后的情况。它的外层材料伸长（图中 e—e 和 d—d），内层材料缩短（图中 a—a 和 b—b），而在它们中间有一层材料（图中 c—c）在弯曲后的长度不变，这一层称为中性层。材料弯曲部分的断面，虽然由于发生拉伸和压缩产生了变形，但其断面面积保持不变。

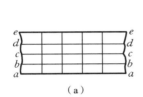

（a）

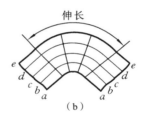

（b）

图 8-3　钢板弯曲前后情况

（a）弯曲前；（b）弯曲后

三、任务分析

矫正与弯曲产生废品的类型及产生原因如下所述。

（1）工件表面留有麻点或锤痕的原因是锤击时锤子歪斜，锤子边缘和工件材料接触或锤面不光滑，以及对加工过的表面或非铁金属矫正时，用硬锤直接锤击等。

（2）工件断裂的原因是矫正或变形过程中多次折弯，破坏了金属组织，或塑性较差、材料的弯曲半径与厚度的比值过小，材料发生较大的变形等。

（3）工件弯斜或尺寸不准确的原因是夹持不正或夹持不紧，锤击偏向一边，或用不正确的模具，锤击力过重等。

（4）材料长度不够多的原因是弯形前毛坯长度计算错误。

（5）管子熔化或表面严重氧化是由管子热弯温度太高造成的。

（6）管子有瘪痕和焊缝裂纹的原因是砂没灌满，或弯曲半径偏小，重弯使管子产生瘪痕，管子焊缝没有放在中性层的位置上进行弯形等。

只要在工作中细心操作和仔细检查计算，以上几种废品形式都是可以避免的。

四、任务准备

（一）矫正方法

1. 扭转法

条料发生扭曲变形后，需用扭转法矫正，如图 8-4 所示。矫正时，将条料夹持在虎钳上，用专用工具或活扳手，把条料扭转到原来的形状。条料在厚度方向弯曲时，用扳直方法矫正，如图 8-5 所示。

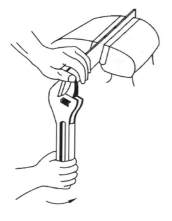

图 8-4　扭转法矫正

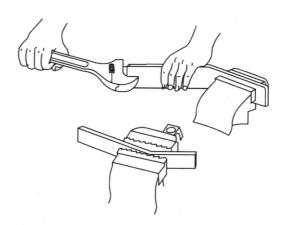

图 8-5　扳直法矫正

2. 延展法

条料在宽度方向弯曲时，需用延展法矫正，如图 8-6 所示。矫正时，必须锤击弯曲里侧（图中的细实线为锤击部位），使里侧逐渐伸长而变直。

图 8-7 所示的是中部凸起的板料，如果锤击凸起部分，由于材料的延展，会使凸起更为严重。因此，必须锤击凸起部分的四周，使周围延展后，板料才能自然变平。

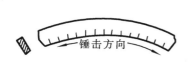

图 8-6　延展法矫正

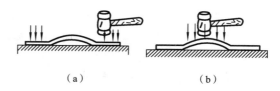

（a）　　　　　　　　（b）

图 8-7　板料矫正

（a）正确的；（b）错误的

锤击时锤要端平,用锤顶弧面锤击材料,以保证工件表面的完好。

如果板料出现一个对角向上翘,另一个对角向下塌的现象,也可用上述方法矫平;如果板料有几个凸起,要把几个凸起锤击成一个大凸起,然后再用上述方法矫平。如果板料四周成波浪形,中部平整,这时必须锤击中部,使材料展开而变平。

3. 弯曲法

矫直棒料、轴类、角铁等要用弯曲法矫直。对于直径较小的棒料和厚度较薄的条料,可以把材料夹在台虎钳上,用手把弯曲部分扳直,也可用手锤在铁砧上矫直。对直径较大的棒料,要用压力机矫直,如图 8-8 所示。棒料要用 V 形铁支承起来,支承的位置要根据变形情况而定。

用弯曲法矫直时,外力 F 使材料上部受压力,使材料下部受拉力。这两种力使上部压缩,使下部伸长,从而将棒料矫直,如图 8-9 所示。

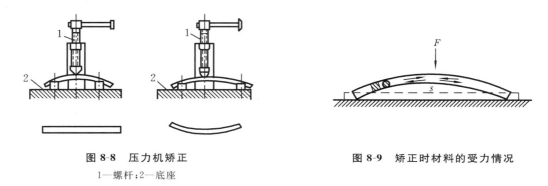

图 8-8　压力机矫正　　　　　　　　　图 8-9　矫正时材料的受力情况
1—螺杆;2—底座

4. 伸张法

矫直细长线材时,可用伸张法矫直,如图 8-10 所示。将弯曲线材绕在圆木上(只需绕一圈),并将其一头夹在台虎钳上,然后用左手握紧圆木,并使线在食指和中指之间穿过,随后,用左手把圆木向后拉,右手展开线材,并适当拉紧,线材在拉力的作用下,即可伸张而变直。操作时要注意安全,防止线材割伤手指。

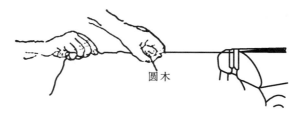

圆木

图 8-10　伸张法

(二)弯形前毛坯长度的计算

由于材料在弯形后中性层的长度不变,因此在计算弯形工件的毛坯长度时,可以按中性层的长度计算。在很多情况下,材料弯形时,中性层不在材料的正中,而是偏向内层材料的一边。经实验证明,中性层的位置与材料的弯曲半径 r 和材料厚度 t 有关。

在材料弯形过程中(见图 8-11),其变形大小与下列因素有关。

① r/t 比值愈小,变形愈大;反之,则变形愈小。

② 弯曲角 α 愈小,变形愈小;反之,则变形愈大。

由此可见,当材料厚度不变,弯曲半径愈大,变形愈小,则中性层愈接近材料厚度的中间。如果弯曲半径不变,材料厚度愈小,则中性层也愈接近材料厚度的中间。

因此在不同的弯曲情况下,中性层的位置是不同的(见图 8-12)。表 8-1 所示为中性层位置的系数 x_0 的数值,从表中 r/t 比值可知,当 $r \geqslant 3t$ 时,中性层接近材料厚度的正中。

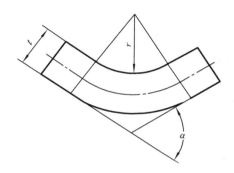

图 8-11　弯曲半径和弯曲角

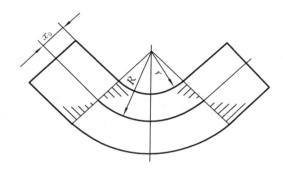

图 8-12　弯曲时中性层的位置

表 8-1　弯曲中性层位置系数 x_0

r/t	0.25	0.5	0.8	1	2	3	4	5	6	7	8	10	12	14	16
x_0	0.2	0.25	0.3	0.35	0.37	0.4	0.41	0.43	0.44	0.45	0.46	0.47	0.48	0.49	0.5

图 8-13 所示为常见的几种弯曲件形式。图 8-13 中图(a)、(b)、(c)所示为内边带圆弧的制件,图(d)所示为内边不带圆弧的直角制件,图中直线部分和内边圆弧长度相加即毛坯的总长度。前三种圆弧部分的长度,可按下面公式计算:

$$A = \pi(r + x_0 t)\frac{\alpha}{180°} \tag{8-1}$$

式中　A——圆弧长度(mm);

　　　r——内弯曲半径(mm);

　　　t——材料厚度(mm);

　　　α——弯曲角(°)。

对于内边弯成不带圆弧的直角制件,求材料长度时,按 $r=0$ 进行计算。

例 8-1　已知图 8-13(c)制件的弯曲角 $\alpha = 120°$,弯曲半径 $r = 15$ mm,材料厚度 $t = 4$ mm,边长 $l_1 = 50$ mm,$l_2 = 100$ mm,求材料总长度 L。

解　　　　　　　　　　　$L = l_1 + l_2 + A$

$$A = \pi(r + x_0 \cdot t)\frac{\alpha}{180°} \approx 3.14 \times (15 + 0.41 \times 4) \times \frac{120°}{180°} = 34.83 \text{ (mm)}$$

所以 $L = 50 + 100 + 34.83 = 184.83$ (mm)。

例 8-2　如图 8-13(d)所示制件,需弯成内边不带圆弧的直角。已知制件 $l_1 = 55$ mm,

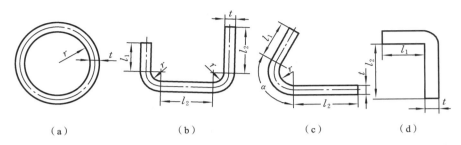

图 8-13 常见的几种弯曲件形式

(a) 圆形;(b) U 字形;(c) 角度形;(d) 直角形

$l_2 = 80$ mm,$t = 3$ mm,求毛坯长度。

解 因内边弯曲成不带圆弧的直角制件,按 $r = 0$ 计算。则

$$L = l_1 + l_2 = 55 + 80 = 135 \text{（mm）}$$

上述材料长度计算方法,由于材料本身性质的差异和弯曲技术、方法上的不同,其计算结果和实际需要之间仍会出现误差。因此在成批生产时,可用试验的方法确定坯料的长度,以免造成浪费。

五、任务实施

（一）矫正实例

1. 矫直角铁

角铁的矫直方法如图 8-14 所示,把角铁弯曲凹面朝下并放在平台或砧子上,用左手握住角铁端部,右手握住锤柄,然后,用平锤平面沿角铁立边前后移动反复进行锤击即可矫直。如发现仍有较小的弯曲,可将角铁两端垫上薄铁板,再经几次锤击,消除弹性即可变直。图 8-15 所示的是角铁的错误矫直方法。

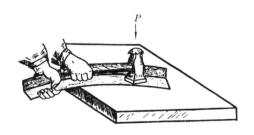

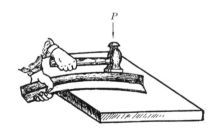

图 8-14 角铁正确矫直法   **图 8-15 角铁错误矫直法**

2. 薄板(厚度不大于 4 mm)的矫正

薄板主要有中部凸起、边缘呈波浪形以及翘曲等变形,如图 8-16 所示。薄板中间凸起是因为变形后中间材料变薄,金属纤维伸长。矫正时可锤击板料边缘,使边缘的材料也变薄,金属纤维也变长,当边缘的材料与中间凸起部分的材料一样时,板料就矫平了。如图

8-16(a)所示,箭头所示方向即锤击位置。锤击时,由里向外逐渐由轻到重,由稀到密。如果直接锤击板料的凸起处,则会使凸起部位变得更薄,金属纤维伸展得更长,这样,不但达不到矫平的目的,反而使凸起更为严重。

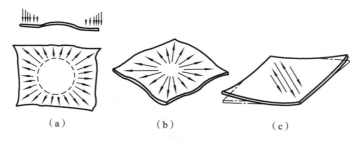

图 8-16　薄板的矫正
(a) 中部凸起的矫正;(b) 边缘呈波浪形的矫正;(c) 翘曲变形的矫正

如果薄板有相邻几处凸起,应先在凸起的交界处轻轻锤击,使几处凸起合并成一处,然后再锤击四周而矫平。

薄板四周呈波纹状,是因为四周变薄而金属纤维伸长,如图 8-16(b)所示。锤击点按图中箭头所示方向从中间向四周逐渐由重到轻、由密到稀,力量由大到小,经反复锤打,使板料达到平整。

薄板发生翘曲等不规则变形时,如果是对角翘,则是因为对角线处材料变薄,金属纤维伸长,如图 8-16(c)所示。锤击点应沿另外没有翘曲的对角线锤击,使其伸展矫平。

薄板发生微小扭曲时,可用抽条从左到右顺序抽打平面,如图 8-2 所示。因抽条与板料接触面积较大,受力均匀,容易达到平整。

铜箔、铅箔等薄而软的材料变形时,可将箔片放在平板上,一手按住箔片,一手用木块沿变形处挤压,使其延伸而达到平整的目的。

用氧-乙炔切割下的板料,边缘在气割过程中冷却较快,收缩严重,造成切割线附近金属纤维缩短而使板料产生不平。锤击点应沿气割边缘处,使其得到适量伸展,才能达到矫平的目的。矫平时,锤击点在气割边缘处重而密,再向其他处延伸,逐渐轻而稀,达到平整。

3. 厚板(厚度大于 4 mm)的矫正

由于板材刚性较好,可以直接锤击凸起处,使其金属材料纤维压缩而达到平整的目的。

(二) 弯曲实例

1. 板料的弯曲

弯曲有冷弯和热弯两种。在常温下进行弯形称为冷弯。厚度大于 5 mm 的板料,通常由锻工用热弯方法进行。

(1) 弯直角工件。

板料工件中有一个直角时,如果工件形状简单、尺寸不大,而且能在台虎钳上夹持的,就在台虎钳上弯制直角。弯形前,应先在弯曲部位划好线,装夹时线与钳口对齐,两边要与钳口垂直。用木锤在靠近弯曲部位的全长上轻轻敲打,或用硬木块垫在弯曲处再敲打,直至弯成直角。如果工件弯曲部位的长度大于钳口长度 2～3 倍，且工件的两端较长，无法在台虎钳上夹持时，可参照如图 8-17 所示的方法。操作时，将板料的一边用压板压紧在有 T 形槽的平板上，用木锤或垫上方木条锤击弯曲处，使其逐渐弯成需要的角度。

弯制各种多直角工件时，可用木垫或金属垫作为辅助工具，如图 8-18 所示的工件。其弯曲顺序如下：先将板料按划线夹入角铁衬垫弯成角 A（见图 8-18(a)）；再用衬垫①弯成角 B（见图 8-18(b)）；最后用衬垫②弯成角 C（见图 8-18(c)）。

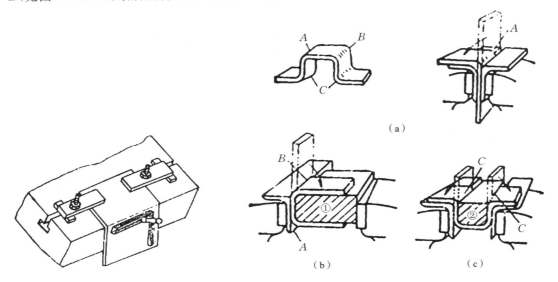

图 8-17　在平板上较大板料的弯曲

图 8-18　弯多角形工件顺序

(a) 弯角 A；(b) 弯角 B；(c) 弯角 C

（2）弯圆弧形工件。

先在材料上划好弯曲处位置线，按线夹在台虎钳的两块角铁衬垫里（见图 8-19），用方头锤子的窄头锤击，经过图 8-19(a)、(b)、(c)三步初步成形，然后在半圆模上修整圆弧（见图 8-19(d)），使形状符合要求。

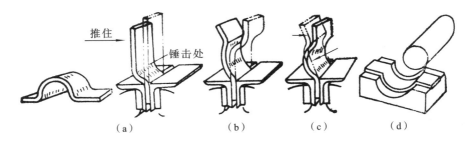

图 8-19　弯圆弧形工件的顺序

(a) 初弯；(b) 基本成形；(c) 成形；(d) 修整

（3）圆弧和角度结合的工件。

如果要弯制如图 8-20(a)所示的工件，先在狭长板料上划好弯曲处位置线。弯形前，先将两端的圆弧和孔加工好。弯形时，可用衬垫将板料夹在台虎钳内，先将两端的 A、B 两处弯好(见图 8-20(b)),最后在圆钢上弯工件的圆弧(见图 8-20(c))。

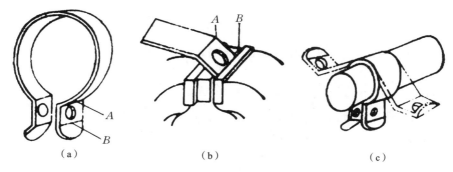

图 8-20　弯圆弧和角度结合工件的顺序

(a) 工件;(b) 弯角度面;(c) 弯圆弧面

(4) 咬口。

咬口是把板料两个边弯成槽,然后把板料的槽互相紧密地扣合在一起,称为咬口。图 8-21 所示的是单扣平卧式咬口的程序,(a) 弯成直角;(b) 翻转板料并弯成 75°～80°角;(c) 伸出板料;(d) 锤打伸出部分,使弯曲缩小和下弯;(e) 把两个槽扣合在一起;(f) 将咬口敲紧,敲紧时不能用手锤直接敲打扣合部分,要用木锤、方木棒或带浅槽的垫铁敲打,否则会造成缺陷。

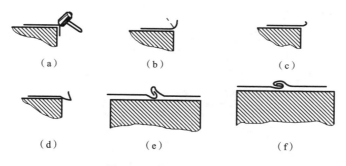

图 8-21　单扣平卧式咬口

2. 弯管

机器上用的油管,直径在 12 mm 以下一般可用冷弯方法进行,而直径 12 mm 及以上的管子,则用热弯的方法。但弯管的最小弯曲半径,必须大于管子直径的 4 倍。

管子直径在 10 mm 以上时,为了防止管子弯瘪,必须在管内灌满干砂,边灌边用木锤敲击管子,以使砂灌得结实,然后两端用木塞塞紧。热弯时管内水蒸气应能顺利排出,以防管子炸裂。有焊缝的管子,焊缝必须放在中性层的位置上,否则会使焊缝裂开。

油管冷弯时,可在弯管工具上进行(见图 8-22)。

弯管工具由底板、转盘、靠铁、钩子和手柄等组成。转盘圆周上和靠铁侧面上有圆弧槽。圆弧槽的尺寸由所弯的管子直径决定。两者均可转动,靠铁也可移动,调好固定后即可使用。使用时,将管子插入转盘和靠铁的圆弧槽中,钩子钩住管子,按所需弯曲的位置,扳动手柄,弯到所需角度。

在单件生产中,用手工弯管子和板料比较适宜;在成批和大批生产中,多用冲床、弯管机等设备来完成。

3. 绕弹簧

弹簧是一种机械零件,它的作用是减振、回弹和夹紧等。它的特征是当外力消除后,仍能恢复原状。

弹簧的种类很多,用弹簧钢丝制成的弹簧按其形状来分有圆柱形弹簧、圆锥形弹簧和专用弹簧,按其工作性质来分有压弹簧、拉弹簧、扭弹簧等。最常用的是圆柱形弹簧。

下面介绍手工绕圆柱形弹簧的方法。绕弹簧前,应先做好一根绕弹簧用的心棒,一端开槽或钻小孔,另一端弯成摇手柄式的直角弯头(见图 8-23)。

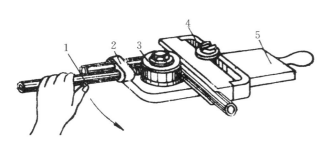

图 8-22 弯管工具
1—手柄;2—钩子;3—转盘;4—靠铁;5—底板

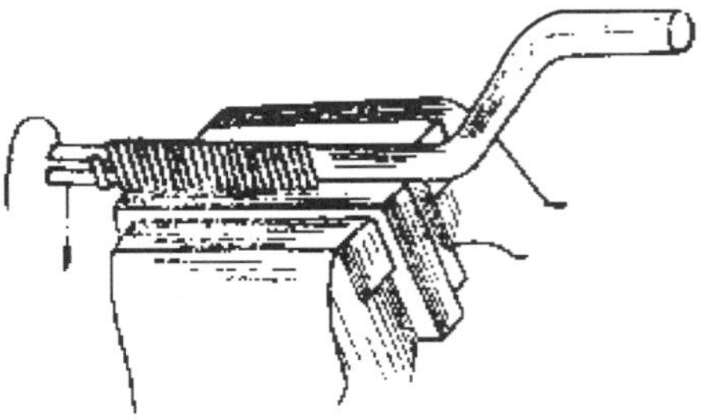

图 8-23 手工绕弹簧方法

确定心棒的直径尺寸,首先应考虑在弹簧绕好以后当绕力消除时,在钢丝本身弹性恢复力的作用下弹簧的直径会随之增大,圈距和长度也随着加长。由于这种现象的存在,预制心棒的直径应比弹簧的内径要小。确定心棒的直径尺寸一种用试验方法,另一种是计算方法。

根据实践经验介绍一种简单的近似公式:

$$D_{外} = \frac{D_{内}}{K} \tag{8-2}$$

式中 $D_{外}$——心棒外径尺寸(mm);

$D_{内}$——弹簧内径尺寸(mm);

K ——材料强度对弹性影响的系数(见表 8-2)。

表 8-2 由钢丝抗拉强度决定的 K 值表

钢丝的抗拉强度极限 σ_b/MPa	K 的数值	钢丝的抗拉强度极限 σ_b/MPa	K 的数值
1000～1500	1.05	2250～2500	1.16
1500～1750	1.10	2500～2750	1.18
1750～2000	1.12	2750～3000	1.20
2000～2250	1.14	>3000	1.22

例 8-3 已知弹簧内径为 20 mm,钢丝直径为 2 mm,试确定心棒直径。

解 查材料手册,直径为 2 mm 的弹簧钢丝的抗拉强度为 1800 MPa,按表 8-2 查得 K=1.12,代入式(8-2)得

$$D=\frac{20}{1.12}=17.9\ (\mathrm{mm})$$

　　按计算所得尺寸做心棒。心棒做好后,把钢丝的一端插入心棒的槽内或小孔内,把钢丝的另一端通过夹板夹在台虎钳中(见图 8-23),摇动手柄并使心棒稍向前移。当绕到一定长度后,从心棒上取下,将原来较小的圈距按规定的圈距拉长,并按规定圈数稍长一些截断,然后在砂轮上磨平两端,最后在热砂内进行低温回火。

学习情境九　铆接加工

一、任务目标

（1）了解铆接加工的原理和方法。
（2）掌握铆接加工的操作技能。

二、背景知识

（一）铆接的定义及过程

用铆钉把两个或两个以上的工件连接起来称为铆接。

目前，在钢结构连接制造中，铆接已逐渐被焊接工艺所代替。但是，在装配与修理中，有时还需要铆接（一般是手工铆接），如图9-1所示。

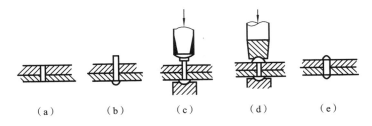

（a）　　　（b）　　　（c）　　　（d）　　　（e）

图 9-1　铆接

（a）钻孔；（b）穿铆钉；（c）镦粗头；（d）用罩模修铆合头；（e）铆接好的工件

铆接的过程是：先在工件上钻好铆钉孔，将铆钉插入被铆接工件的孔内，使铆钉圆头紧贴工件表面，然后将铆钉杆镦粗成铆合头。

由于铆接加工具有操作方便、工艺简单和连接可靠等特点，因此在桥梁、机车、船舶制造等方面具有较多的用途。

（二）铆接的种类

1. 按被铆接件使用要求分

（1）活动铆接（铰链铆接）。

它的结合部分可以相互转动。例如，钢丝钳、剪刀、划规等工具轴的铆接（见图9-2）。

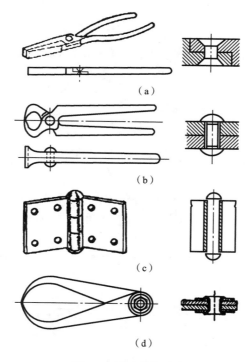

图 9-2　活动铆接种类

（a）钢丝钳，埋头铆接；（b）刀口钳，半圆头铆接；（c）合页，铰链铆接；（d）外卡钳，管子铆接

（2）固定铆接。

它的结合部分是固定不动的。固定铆接按使用要求不同，还可以分为以下 3 种。

① 强固铆接（坚固铆接），用于需要足够的强度、承受强大作用力的地方。如桥梁、车辆和起重机械等。

② 紧密铆接，应用于低压容器装置。这种铆接只能承受很小的均匀压力，但对接缝处要求非常严密，防止渗漏，如气筒、水箱、油罐等。这种铆接用的铆钉小而排列密，铆缝中常夹有橡皮或其他填料，有利于防止漏气和漏液。

③ 强密铆接（坚固紧密铆接），应用于高压容器装置，这种铆接不但要求有足够的强度来承受很大的外力，而且还要求接缝非常紧密，即使在一定压力下，液体或气体也保持不渗漏。如蒸汽锅炉、压缩空气罐及其他高压容器等结构的铆接都属于这一类。

2. 按铆钉加热方法分类

（1）冷铆。

铆接时，铆钉不需加热，直接镦出铆合头。这种铆接要求铆钉使用的材料必须具有较高的塑性。一般直径小于 8 mm 的钢铆钉都可以用冷铆方法铆接。

（2）热铆。

铆接时，把整个铆钉加热到一定温度，然后铆接。因铆钉受热后塑性好，容易成形，并且热铆的铆钉孔直径比铆钉直径大 0.5～1 mm，使铆钉在热态时也容易插入。直径大于 8 mm

的钢铆钉多用热铆方法铆接。

（3）混合铆。

在铆接时,只把铆钉杆的头部加热。对于细长的铆钉,采用这种方法可以避免铆接时铆钉杆弯曲。

（三）铆接件的接合、铆道及铆距

1. 铆接件的接合

铆接连接的基本形式是由零件相互结合的位置所决定的,主要有下列三种。

（1）搭接连接。

它是铆接最简单的连接形式。一块钢板搭在另一块钢板上的铆接,称为搭接。如果要求两块板在一个平面上时,应把一块板先折边,然后再搭接,如图 9-3 所示。

（2）对接连接。

它将两块板置于同一平面,在上面覆有盖板,用铆钉铆合。这种连接分为单盖板和双盖板两种,如图 9-4 所示。

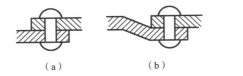

（a）　　　　（b）

图 9-3　搭接连接

（a）两块平板;（b）一块板折边

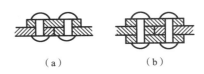

（a）　　　　（b）

图 9-4　对接连接

（a）单盖板式;（b）双盖板式

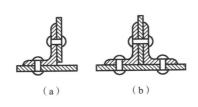

（a）　　　　（b）

图 9-5　角接连接

（a）单角钢式;（b）双角钢式

（3）角接连接。

它是两块钢板互相垂直或组成一定角度的连接,在角接处覆以角钢,用铆钉铆合。按要求不同,角接处可覆以单根或两根角钢,如图 9-5 所示。

2. 铆道

铆道就是铆钉的排列形式。根据铆接强度和密度的要求,铆钉的排列形式有单排、双排和多排等,如图 9-6 所示。

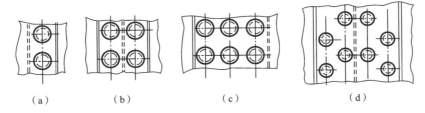

（a）　　　（b）　　　（c）　　　（d）

图 9-6　铆钉的排列形式

（a）单排;（b）双排并列;（c）多排并列;（d）交错式

（1）单排铆钉连接：连接所用的铆钉按主方向排列起来仅仅是一行。

（2）双排铆钉连接：连接所用的铆钉按主方向排列起来形成两行。

（3）多排铆钉连接：连接所用的铆钉按主方向排列起来形成多行。

在双行或多行铆钉连接形式中，按照每一主板上铆钉排列位置可分为：并列式连接，即相邻排中的铆钉是成对排列的；交错式连接，即相邻排中的铆钉是交错排列的，如图 9-6 所示。

3. 铆距

铆距是指铆钉间的距离，或铆钉与铆接板边缘的距离。在铆接连接结构中，有三种隐蔽性的损坏情况：沿铆钉中心线的板被拉断；铆钉被剪切断裂；孔壁被铆钉压坏。因此，按结构和工艺上的要求，铆钉的排列距离有如下规定。

（1）铆钉并列式排列时，铆钉距 $t \geqslant 3d$（d 为铆钉直径），即铆钉的中心距应等于或大于铆钉直径的三倍。

（2）铆钉交错式排列时，铆钉对角间的距离 $t \geqslant 3.5d$。

（3）由铆钉中心到铆件边缘的距离（与铆钉孔是冲孔或钻孔有直接关系）：钻孔时约为 $1.5d$；冲孔时约为 $2.5d$。

（4）为保证板与板之间紧密贴合，两个铆钉中心的最大距离 $t \leqslant 8d$ 或 $t \leqslant 12\delta$（δ 为被铆接构件的厚度）。对于中间的铆钉和刚性很大的构件连接，铆钉中心距离可以加大一些；对于受拉构件的连接，可达到 $16d$ 或 24δ；对于受压构件的连接，可达到 $12d$ 或 16δ。

（5）为了保证板边的紧密贴合，由铆钉中心到板边的最大距离应 $\leqslant 4d$ 或 $\leqslant 8\delta$。

（四）铆接工具（手工铆接工具）

1. 手锤

常用的为圆头手锤。专门用于铆接的手锤称为铆接手锤。它的特点是锤身较长而略带弯形。这种手锤便于锤接箱盒里角处。手锤的质量一般按铆钉直径的大小来选取，通常使用 0.25～0.5 kg 的小手锤。

2. 压紧冲头

如图 9-7(a)所示，它用于将铆接板料相互压紧及贴合。其使用方法是：当铆钉穿入铆钉孔内之后，将压紧冲头有孔的一端套在铆钉圆杆上，用手锤敲击冲头的另一端，使板料压紧贴合。

3. 罩模和顶模

如图 9-7(b)、(c)所示，它用于铆接铆钉的圆头，它们的工作部分都有半圆形的凹球面，是按半圆头铆钉的标准尺寸，用中碳钢或 T8 等碳素工具钢经淬火硬化和抛光制成。铆钉圆杆经镦粗后，用罩模做成铆合头。顶模一般装在铁砧上，当圆杆镦粗或做铆合头时，它在下部顶住铆钉圆头，如图 9-8 所示。

（五）铆钉种类及标记

1. 铆钉的种类

铆钉按形状、用途和材料不同可分为以下几种。

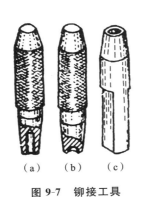

图 9-7 铆接工具

(a) 压紧冲头;(b) 罩模;(c) 顶模

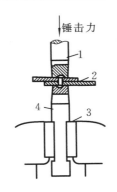

图 9-8 罩模和顶模的应用

1—罩模;2—铆件;3—台虎钳;4—顶模

(1) 按铆钉形状分,有半圆头、埋头、平圆埋头、平圆头、皮带铆钉和管子空心铆钉等(见表 9-1)。

(2) 按用途分,有锅炉、钢结构和皮带等铆钉。

(3) 按材料分,有钢质、铜质(紫铜或黄铜)和铝质等铆钉;铆钉材料应具有韧性和高度的延展性(特别是冷铆用的钢质铆钉)。铜或铝铆钉料还应具有极高的纯度,以保证具有良好的延展性。铆钉的应用如表 9-1 所示。

表 9-1 铆钉的应用

名　　称	形　　状	应　　用
半圆头铆钉		用钢料制成,应用于钢结构的房架、桥梁、起重机等铆接,应用很广
埋头铆钉		用钢料制成,应用于框架等工件表面要求平的地方,如门窗、活页、天窗等
平圆埋头铆钉		用钢料制成,应用于表面粗糙,不容易滑跌的地方,如踏脚板、楼梯等
平圆头铆钉		用铝镁合金料制成,应用于铆薄板料等
皮带铆钉		用紫铜料制成,应用于铆油毡、橡皮、牛皮等软材料
管子空心铆钉 (1)		用钢料制成的空心铆钉,应用于电气方面及一些皮带的铆接

续表

名　称	形　状	应　用
管子空心铆钉（2）		用黄铜料制成的空心铆钉，应用于电气部件的铆接
杆形铆钉		用钢料制成，应用于机械制造方面
尖头铆钉		根据需要制作的，应用于艺术性的工作方面的铆接

2. 铆钉的标记

一般要标出铆钉直径、长度和国家标准序号。例如

铆钉 GB867—86　6 × 30

- 铆钉长度
- 铆钉直径
- 国家标准序号

表 9-2、表 9-3 所示的是半圆头铆钉和平头铆钉的标准。

表 9-2　半圆头铆钉标准（摘自 GB/T 867—1986）　　　　　（单位：mm）

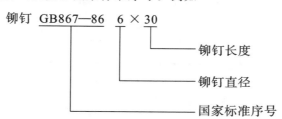

	公称	3	4	5	6	8	10
d	max	3.06	4.08	5.08	6.08	8.1	10.1
	min	2.94	3.92	4.92	5.92	7.9	9.9
d_k	max	5.54	7.39	9.09	11.35	14.35	17.35
	min	5.06	6.81	8.51	10.65	13.65	16.65
K	max	2	2.6	3.2	3.84	5.04	6.24
	min	1.6	2.2	2.8	3.36	4.56	5.76
R	≈	2.9	3.8	4.7	6	8	9
τ	max	0.1	0.3	0.3	0.3	0.3	0.3

表 9-3　　平头铆钉标准（摘自 GB/T 109—1986）　　　　　　　　　　（单位：mm）

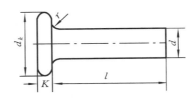

	公称	2.5	3	4	5	6
d	max	2.56	3.06	4.08	5.08	6.08
	min	2.44	2.94	3.92	4.92	5.92
d_k	max	5.24	6.24	8.29	10.29	12.35
	min	4.76	5.76	7.71	9.71	11.65
K	max	1.4	1.6	2	2.2	2.6
	min	1	1.2	1.6	1.8	2.2
r	max	0.1	0.1	0.3	0.3	0.3

三、任务分析

（一）铆接时废品产生的原因及预防方法

铆接的废品形式如图 9-9 所示，产生的原因及预防方法如表 9-4 所示。

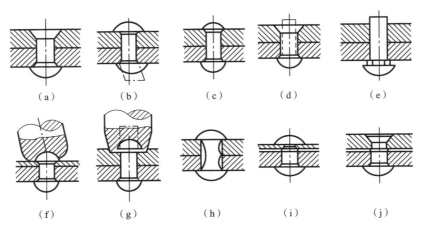

图 9-9　铆接产生废品的形式

表 9-4　铆接时产生废品的形式、原因及预防方法

废 品 形 式	产 生 原 因	预 防 方 法
铆合头偏斜	1. 铆钉杆太长； 2. 铆钉孔偏斜，孔未对准； 3. 镦粗铆合头时，不垂直	1. 正确计算确定铆钉长度； 2. 孔要钻正，插入铆钉孔应同心； 3. 镦粗时，锤击力要保持垂直
铆合头不光滑有凹痕	1. 罩模工作表面不光滑； 2. 锤击时用力过大，连续快速锤击，将罩模弹回时，棱角碰伤铆合头	1. 检查罩模并抛光； 2. 锤击力要适当，速度不要太快，把稳罩模
铆合头太小	铆钉杆长度不够	正确计算及选定铆钉杆长度
埋头孔没填满	1. 铆钉杆长度不够； 2. 镦粗时，方向与板料不垂直	1. 正确选定铆钉杆长度； 2. 铆钉方向和锤击要与工件表面垂直
原铆合头没贴紧工件	1. 铆钉孔直径太小； 2. 孔口没倒角	1. 正确选定铆钉孔直径； 2. 孔口应倒角
工件上有凹痕	1. 罩模放置太歪斜； 2. 罩模太大	1. 罩模应放正； 2. 罩模应与铆合头相同
铆钉杆在孔内弯曲	1. 铆钉孔太大； 2. 铆钉杆直径太小	1. 正确选定铆钉孔直径； 2. 铆钉杆直径应符合标准要求
工件之间有间隙	1. 工件板料不平整； 2. 板料没压紧贴合	1. 铆接前应平整板料； 2. 用压紧冲头将板料压紧贴合

（二）铆接的安全技术

为了确保安全，必须了解铆接工作的安全技术，并要认真贯彻执行，以防止发生事故。为此，必须注意如下几项要求。

（1）铆接工作现场要保持清洁及整齐，并要随时检查，避免绊倒跌伤。

（2）登高铆接作业时，必须检查工作位置是否牢固可靠，并要佩戴安全带。下部要有防护装置，以防掉下物件砸伤下面的人员及设备。

（3）工作前必须检查铆接所用的工具是否完整无缺，如大锤、手锤安装得是否牢固，罩模、顶模有无缺口或裂缝等，以防破裂飞出伤人。

（4）钻铆钉孔时，必须严格遵守钻孔安全操作规程。

（5）在锤击铆接时，事先要注意周围有无人员通过或其他障碍物，以防伤人或损坏其他物件。

（6）在两人或多人共同工作时，要统一指挥，密切配合。特别是把持模具人员与打锤人员之间更要配合好。

（7）铆接件夹持要牢靠，大件放置要平稳。用錾削法拆卸铆钉头时，应设防护网，并注意周围环境，以防发生事故。

四、任务准备

（一）铆钉直径的确定

铆钉直径是根据铆接板的厚度和结构的用途来决定的。一般情况下，铆钉直径的选择如表 9-5 所示。表 9-5 中的计算厚度，可参照下列原则加以确定：

(1) 钢板与钢板搭接铆接时，为厚钢板的厚度；

(2) 厚度相差较大的钢板相互铆接时，为较薄钢板的厚度；

(3) 钢板与型钢铆接时，为两者的平均厚度。

表 9-5　铆钉直径的选择　　　　　　　　　　　（单位：mm）

计算厚度	1.5	2.0	2.5	3.0	3.5	4.0	4.5	5.0	5.5	6.0	6~8	8~10
铆钉直径	2.5	2.5~3.0	3.0~3.5	3.5	3.5~4.0	4.0~4.5	4.5~5.0	5.0~6.0	5.0~6.0	6.0~8.0	8.0~10	10~11
计算厚度	10~12	12~16	16~24	24~30	30~38	38~46	46~54	54~62	62~70	70~76	76~82	—
铆钉直径	11	14	17	20	23	26	29	32	35	38	41	—

（二）铆钉长度的确定

铆接时所用的铆钉长度要适当，才能做出符合要求的铆合头，保证足够的铆接强度。如果铆钉杆太长，在铆接时要受锤子的多次敲击，会使钢的质量降低，铆合头也容易偏斜；铆钉杆太短，做出的铆合头就不会圆满完整，并且会降低结构的坚固性。

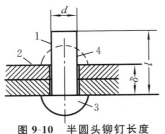

图 9-10　半圆头铆钉长度

1—杆；2—板料；3—圆头；4—铆合头

一般常用的半圆头铆钉，如图 9-10 所示。钉杆长度用下列公式计算：

$$l = 1.12\delta + (1.25 \sim 1.5)d$$

式中　　l——铆钉杆长度（mm）；

　　　　δ——铆件的总厚度（mm）；

　　　　d——铆钉直径（mm）。

半圆头铆钉伸出部分的长度应为铆钉直径的 1.25~1.5 倍。

埋头铆钉伸出部分的长度应为铆钉直径的 0.8~1.2 倍。

确定铆钉的直径和长度时，应根据结构要求，按国家规定的标准进行选择。

五、任务实施

（一）铆接加工方法

铆接方法有手工铆接和机械铆接两种，每种铆接方式又分为加热铆钉铆接（热铆）和冷作铆接（冷铆）。热铆是先将铆钉加热到一定温度，再进行铆合。在实际工作中，一般铆钉直径大于 10 mm 时，均采用热铆；铆钉直径不大于 10 mm 时，均采用冷铆。冷铆时，铆钉不必加热，直接冷铆。

热铆和冷铆各有特点。热铆的优点是铆接时所需要的压力小，铆合头容易成形。但是，由于冷缩现象，铆钉杆不易将铆钉孔填满。冷铆的优点是节省人力和燃料，但它的缺点是铆钉的材质和装配质量要求较高，铆钉容易脆裂，铆接时需要加较大的压力。

如果是活动铆接，要经常检查活动情况，如果发现太紧，可把铆钉圆头垫在有孔的垫铁上，用手锤锤击成头，使其活动。

（1）手工铆半圆头铆钉的基本步骤如图 9-11 所示。在被铆工件上按要求划线钻孔，按铆钉孔直径选择钻头进行钻孔，用锪钻或钻头在孔口倒角，将铆钉插入铆钉孔内；把压紧冲头有孔的一端套在铆钉伸出部分上，同时将顶模顶在铆钉圆头上，用手锤敲击压紧冲头，使铆接件压紧贴合，将压紧冲头取下后，用手锤逐渐将铆钉伸出部分镦粗成不够完整的铆合头，用罩模罩在上边，用手锤敲击罩模上端，逐渐把铆合头做成。

（2）手工铆空心铆钉时，其基本铆法如图 9-12 所示。铆钉插入孔后，将工件压紧，用一般样冲将空心铆钉的口边胀开，如图 9-12(a) 所示，然后用特制的成形冲子冲成铆合头，如图 9-12(b) 所示。

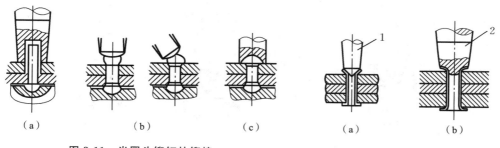

| (a) | (b) | (c) | (a) | (b) |

图 9-11　半圆头铆钉的铆接　　　　　　　图 9-12　空心铆钉的铆接
(a) 压紧冲头；(b) 手锤；(c) 罩模　　　　1—冲头；2—钉头型冲子

（3）铆接前，要按照铆钉的直径合理选择钻头，并钻出铆钉孔。如果铆钉孔钻大了，铆接时，铆钉容易偏斜，孔内填不满；而铆钉孔小了，铆钉被强行打进去，容易损坏板料孔壁，导致孔边缘出现裂纹，影响铆接质量。因此，一定要合理地钻出铆钉孔。钻孔直径的选择如表 9-6 所示。

表 9-6　铆钉直径和钻孔直径　　　　　　　　　　　（单位：mm）

铆钉直径		4	5	6	7	8	10	11.5	13	16	19	22	25	28	30	34	38
钻孔直径	精装配	4.1	5.2	6.2	7.2	8.2	10.5	12	13.5	16.5	20	23	26	29	31	35	39
	粗装配	4.5	5.8	6.8	7.8	8.8	11	12.5	14	17	21	24	27	30	32	36	40

（二）铆钉拆卸方法

要拆除铆钉的接合件，须将铆钉头毁坏，然后用专用冲子把铆钉冲出，一般有如下几种方法。

1. 埋头铆钉的拆卸法

埋头铆钉的拆卸如图 9-13 所示。先用样冲在铆钉头上冲出中心眼,用小于铆钉直径 1 mm的钻头钻孔,其深度是铆钉头的高度,然后用冲子插入孔中,用锤敲击冲子,将铆钉冲出。

2. 半圆头铆钉的拆卸法

半圆头铆钉的拆卸如图 9-14 所示。先将铆钉头顶端敲平或锉平,用样冲冲出钻孔的中心眼,再用钻头钻孔,其直径和钻的深度与埋头铆钉钻孔要求相同。钻孔后用一圆金属棒插入孔中,把铆钉头折断或錾去,再用专用的圆冲子将铆钉冲出。

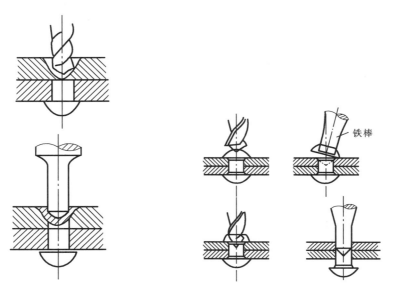

图 9-13　埋头铆钉拆卸法　　　　图 9-14　半圆头铆钉拆卸法

除以上两种拆卸铆钉的方法之外,如果铆钉直径小于 10 mm,可用手錾錾去铆钉头,如图 9-15 所示。錾铆钉头时,应围绕四周錾,不可只錾一边,以防止将铆钉推向一边。

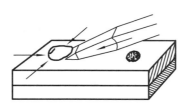

图 9-15　用手錾錾掉铆钉头

学习情境十　刮削加工

一、任务目标

（1）了解刮削加工的原理和方法。

（2）掌握刮削加工的操作技能。

二、背景知识

用刮刀在工件已加工表面上刮去一层很薄的金属，以提高工件加工精度的操作称为刮削。

（一）刮削原理

在工件与校准工具或与其相配合的零件之间涂上一层显示剂，经过对研，使被刮削工件上较高的部位显示出来，然后用刮刀进行微量切削，刮去较高部位的金属层。这样经过反复的显示和刮削，就能使工件的加工精度达到预定的要求。

（二）刮削的特点

刮削工作是一种比较古老的加工方法。它所用的工具简单，且不受工件形状和位置以及设备条件的限制；同时还具有切削量小、切削力小、产生热量小和装夹变形小等特点，不存在车、铣、刨等机械加工中不可避免的振动、热变形等因素，因此能获得很高的尺寸精度、形状和位置精度、接触精度、传动精度和很小的表面粗糙度值。此外，还可以用刮削的方法在工件表面上刮出各种装饰用的花纹和图案，增加工件的美观性。

在刮削过程中，由于工作表面反复多次受到负前角刮刀的切削、推挤和压光作用，从而使工件表面组织变得比原来更紧密和耐磨。

刮削后的工件表面上形成了比较均匀的微浅凹坑，创造了良好的存油条件，改善了相对运动零件之间的润滑情况。

因此，利用一般机械加工手段（如车、铣、刨等方法）难以达到精度要求的，经常采用刮削的方法来进行加工。如机床导轨的滑行面、滑动轴承的内表面及精密量具的接触面等，在机械加工之后常用刮削方法进行精加工。

（三）刮削余量

刮削是一项繁重的体力劳动，又是精密度很高的操作。为减轻劳动强度和提高刮削效率,兼顾被加工表面每一个部位的加工余量,刮削余量应规定得当,太大太小均不好。具体数值如表 10-1 所示。

表 10-1　刮削余量　　　　　　　　　　　　　（单位:mm）

平面的刮削余量					
平面宽度	平面长度				
	100～500	500～1000	1000～2000	2000～4000	4000～6000
100 以下	0.10	0.15	0.20	0.25	0.30
100～500	0.15	0.20	0.25	0.30	0.40

孔的刮削余量			
孔径	孔长		
	100 以下	100～200	200～300
80 以下	0.05	0.08	0.12
80～180	0.10	0.15	0.25
180～360	0.15	0.20	0.35

在确定余量时还应注意:工件刮削面积大时余量应大些;刮削前加工误差大时余量应大些;工件结构刚性差时,容易变形,余量也应大些。有足够的余量,便于经过反复刮削来达到尺寸精度、形状和位置精度的要求。

（四）刮削的种类

刮削分为平面刮削和曲面刮削两种。

（1）平面刮削可分为单个平面（ 如平板、工作台面等 ）刮削和组合平面（如 V 形导轨面、燕尾槽面等）刮削两种。

（2）曲面刮削包括内圆柱面、内圆锥面和球面刮削等,如滑动轴承的瓦面等的刮削。

目前,有许多表面的刮削工作已用磨削来代替,如机床导轨的刮削用导轨磨床磨削来代替。

（五）刮削工具

刮刀是刮削工作中的主要工具,要求刀头有足够的硬度,刃口必须锋利。刮刀一般采用 T10A 或 T12A 钢锻制而成,再经过粗磨、淬火和细磨后才能使用。当工件表面较硬时,也可以焊接高速钢或硬质合金刀头。

1. 刮刀的种类

根据不同的刮削表面,刮刀可分为平面刮刀和曲面刮刀两大类。

（1）平面刮刀,主要用于刮削平面和刮花,也可用来刮削外曲面。按所刮表面精度要求不同,可分为粗刮刀、细刮刀和精刮刀三种。平面刮刀的尺寸可参考表 10-2。常用的平面刮刀有直头刮刀和弯头刮刀两种,如图 10-1 所示。平面刮刀头部的形状和角度如图 10-2 所示。

表 10-2　平面刮刀规格　　　　　　　　　　　　　　（单位：mm）

种　类	尺　寸		
	全长 L	宽度 B	厚度 t
粗刮刀	450~600	25~30	3~4
细刮刀	400~500	15~20	2~3
精刮刀	400~500	10~12	1.5~2

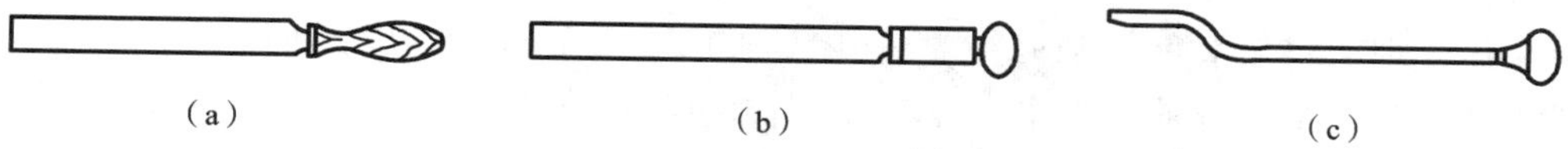

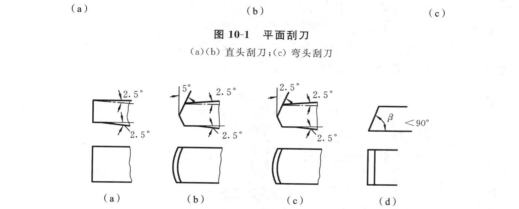

图 10-1　平面刮刀

（a）（b）直头刮刀；（c）弯头刮刀

图 10-2　刮刀头部的形状和角度

（a）粗刮刀；（b）细刮刀；（c）精刮刀；（d）刮削韧性材料用刮刀

（2）曲面刮刀，用于刮削内曲面。常用的曲面刮刀有三角刮刀和蛇头刮刀等，如图 10-3 所示。三角刮刀可直接购买，蛇头刮刀需自行锻制。在工作中也会用到柳叶刮刀（见图 10-3（c））。

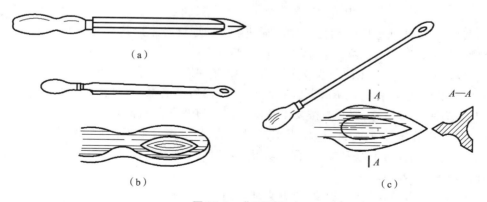

图 10-3　曲面刮刀

（a）三角刮刀；（b）蛇头刮刀；（c）柳叶刮刀

2. 刮刀的刃磨和热处理

（1）平面刮刀的刃磨和热处理。下面以直头刮刀为例介绍平面刮刀的刃磨和热处理。

① 粗磨。首先粗磨两大平面。磨时先分别使刮刀两平面轻轻接触砂轮边缘，再慢慢将刮刀平面平贴在砂轮侧面上，不断前后移动进行刃磨（见图 10-4(a)），使两面平整，刮刀全宽上厚薄一致。然后粗磨端面。磨时先将刮刀倾斜一定角度，与砂轮轻轻接触（见图 10-4(b)），再慢慢按箭头方向转至水平，要求刮刀端面与刀身中心线垂直，然后在砂轮轮缘上平稳地左右移动刮刀端面进行刃磨（见图 10-4(c)）。如果直接按水平位置将刮刀靠上砂轮，刮刀会弹抖而不易磨削，甚至会出事故。

② 热处理。将粗磨好的刮刀头部（长度约 25 mm）放在炉中缓慢加热到 780～800 ℃（呈殷红色），取出后迅速放入冷水中冷却，浸入水中的深度为 8～10 mm，缓慢转动或平移，并间断地略微上下移动（目的是不使淬硬部分留下明显界限）。当刮刀露出水面部分冷却到呈黑色时，将刮刀更深地浸入水中，直至刮刀全冷，取出即成。精刮刀及刮花刮刀淬火时可用油做冷却剂，这样不容易产生裂纹，但硬度稍低。平面刮刀淬火方法如图 10-5 所示。

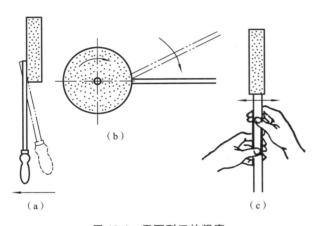

图 10-4 平面刮刀的粗磨
(a) 粗磨两大平面；(b)(c) 粗磨端面

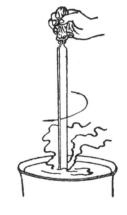

图 10-5 平面刮刀淬火

③ 细磨。将热处理后的刮刀在细砂轮上细磨，使刮刀的形状和几何角度基本符合要求。细磨时刮刀必须经常蘸水冷却，以免刃口部分退火变软。

④ 精磨。精磨刮刀在油石上进行。精磨时在油石上加适量机油，先磨两平面（见图 10-6(a)）至平整，表面粗糙度 Ra 值小于 0.2 μm。然后精磨端面（见图 10-6(b)），刃磨时左手扶刀柄，右手紧握刀身，使刮刀按要求角度向前倾斜地立在油石上，向前推移刃磨，拉回时稍稍提起，以免磨坏刃口，如此反复，直到刮刀形状、角度符合要求，刃口锋利为止。也可将刮刀上部靠在肩上，两手握刀身，向后拉动刃磨，向前时稍稍提起（见图 10-6(c)）。这种方法刃磨速度较慢，但容易掌握。

弯头刮刀的刃磨和热处理方法与直头刮刀的基本相同。

（2）曲面刮刀的刃磨和热处理。曲面刮刀的刃磨与平面刮刀的一样，也分粗磨与细磨两种。粗磨时，将刮刀放在砂轮上平稳地左右做弧形移动，如图 10-7 所示。细磨时，将刮刀平放在油石上，如图 10-8 所示，根据刮刀弧形，使刮刀在油石上做前后运动。同时握刀柄的

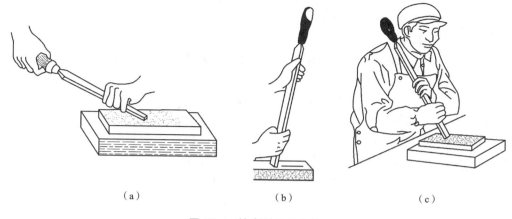

图 10-6　精磨刮刀的方法
(a) 精磨两大平面;(b)(c) 精磨端面

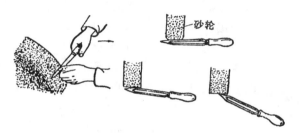

图 10-7　三角刮刀的粗磨

手又要上下抬动,以使磨出的刀面有一定的弧形,如图 10-9 所示。在油石上刃磨曲面刮刀时,绝不可使刮刀横向磨削,以防曲面出现非弧线状态。

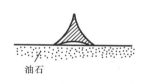

图 10-8　三角刮刀的细磨

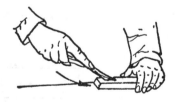

图 10-9　三角刮刀磨弧方法

　　三角刮刀多为外购,因已经过淬火和刃磨,通常只在用钝后进行精磨。方法是使其两刃同时接触油石,顺油石长度方向来回移动,并按弧形上下摆动,这样精磨三个弧面至刀刃锋利为止。蛇头刮刀粗、精磨平面的方法与平面刮刀相同。粗磨圆弧面时,右手握刀柄,按刀刃形状做弧形摆动,同时在砂轮轮缘上平稳地左右移动刃磨,然后用砂轮角磨圆弧槽。精磨时方法与三角刮刀相似。

　　曲面刮刀热处理时,刀刃部分要求全部淬硬。刮削非铁金属时,可在油中淬火。

3. 油石的使用与保养

　　油石对刮刀刃口起着磨锐与磨光的作用。油石必须平直。如不平直,可将油石夹在平口钳上，用平面磨床磨平。也可将油石先用一般砂轮大致磨平，然后放在平板上，涂上金刚砂和水进行研磨（一般的砂子用水洗净也可），这种方法虽慢但经济实用。对油石的使用与保养，必须做到以下几点。

（1）刃磨刮刀时，油石表面必须保持适量的润滑油，否则磨出的刮刀刃口不光滑，油石也容易损坏。

（2）刃磨刮刀时，必须检查油石表面是否平直，否则磨出的刮刀刃口不平，将影响刮削质量。应尽量利用油石的有效面，以延长其使用寿命。

（3）刮刀磨过后，应将污油擦去，以防切屑嵌入；已经嵌入的切屑，可用煤油或汽油洗去；如果无效，可用砂布擦去。油石表面的油层应保持清洁。

（4）油石用完后应放在盒内或浸入油中。新油石使用前应放在油中浸泡。

（5）刃磨刮刀时，应根据工件的精度要求选用适当粒度的油石。

（六）校准工具

校准工具用来检查刮削面的标准性，从而发现加工表面的不平部位。机床的导轨面、轴瓦的滑动面都要用校准工具来校正。校准工具一般有以下几种。

图 10-10 标准平板

（1）标准平板，如图 10-10 所示，一般用于刮削较宽的平面。平板的材质应具有较高的耐磨性，平面坚硬并有加强肋；平板的大小依加工工件而定。

（2）标准直尺，如图 10-11 所示，图（a）是桥式直尺，用来检验较大平面或机床导轨的平直度；图（b）是工字形直尺，它有两种：一种是单面直尺，其工作面经过精刮，精度较高，用来检验较小平面或较短导轨的平直度；另一种是两面都经过刮削且平行的直尺，除可完成与工字直尺相同的任务外，还可用于检验工件相对位置的正确性。

（3）角度直尺，如图 10-11(c)所示，用于检验燕尾导轨的角度。尺的两面精刮成所需的角度（一般为 55°、60°等），第三面是支承面。

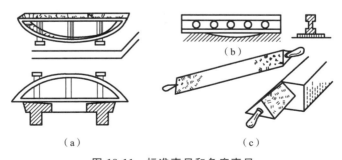

图 10-11 标准直尺和角度直尺

（a）桥式直尺；（b）工字形真尺；（c）角度直尺

（4）检验轴，用于检验曲面或圆柱形内表面。检验轴应与机轴尺寸相符。一般滑动轴承瓦面的检验多采用机轴本身。

（七）显示剂与显示方法

1. 显示剂的种类

刮削时要采用显示剂。对于显示剂，要求显示效果光泽鲜明，对工件没有磨损、腐蚀作用。一般采用的显示剂有以下几种。

（1）红丹粉：分为铁丹和铅丹两种，使用时用机油调和而成。红丹粉比其他颜料价廉，通常适用于铸铁或钢件，其特点是无反光，显示出的点子清晰。

（2）蓝油：普鲁士蓝粉和蓖麻油的混合物。蓝油多数用在铜合金的工件上。由于蓝油所显示的点子更为鲜明，黏度小且涂料膜较薄，所以精刮时采用较多。

（3）烟墨：如同烟囱的烟黑，用机油调和而成，适用于软金属工件，但一般应用极少。

2. 显示剂的使用方法

在推磨显示时，显示剂的使用方法有两种：一种将显示剂涂在标准工具上，另一种将显示剂直接涂在工件上。两种方法各有其特点。

（1）显示剂（红丹粉）涂在标准工具上，在工件上所显示的结果是灰白底、黑红色点子，有闪光炫目、不易看清的缺点。但刮削时切屑不易黏在刀口上，刮削比较方便。而且第一次推磨后，再次推磨时只需将显示剂抹匀。此种涂剂法可节约显示剂。

（2）显示剂（红丹粉）涂在工件上，在工件上所显示的结果是黑红底、暗亮点，没有闪光，容易看清。但是，刮出的切屑容易黏在刀口上，每次推磨时都需要擦去残剂，重新再涂。

以上两种显示方法要视加工情况来选择。初刮时，可涂在标准工具上，如图 10-12 所示，这样所显示的点子较大且清晰，便于刮削。精刮时，则可涂在工件上，这时点子较小又能避免反光。

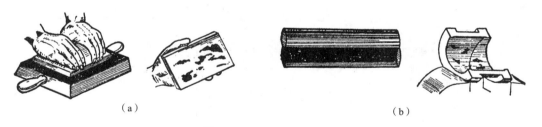

（a）　　　　　　　　　　　　　　　　　　　　　　（b）

图 10-12　工件的显示法

3. 使用显示剂的注意事项

（1）显示剂必须保持清洁，避免混入污物、砂粒和切屑等杂质，以免使用时损伤工具和工件表面。

（2）在涂抹显示剂时，必须薄而均匀，否则，很难准确地显示出工件表面的状况。

（3）工件在平板上推磨时，整个面的压力要保持均匀。工件均匀对称时，只需推磨即可。工件不均匀对称时，可用人力使其均匀。工件较轻时，要加上适当的压力。

（4）在推磨过程中，当工具和工件表面的大小或长度近于相同时，工件的落空部分不得超过其本身长度的 1/4。

（5）推磨时要经常调换方向，防止发生推磨不均匀现象，保证点子准确显示。

（6）刮削后工件表面的刀痕要用细油石轻轻磨掉，以免推磨时划伤标准工具的表面。

三、任务分析

（一）刮削面缺陷的分析

刮削是一种精密加工，每刮一刀去除的余量很少，故一般不易产生废品。但在刮削有配合公差要求的工件时，尺寸刮小了，也会产生废品。例如，牛头刨床的摆杆与滑块的配合，滑块尺寸刮小了就成废品。因此，应经常对工件进行测量和试配。

在刮削中，刮削面也很容易产生缺陷，常见的缺陷形式和产生原因如表 10-3 所示。

表 10-3　刮削面缺陷的分析

缺 陷 形 式	特　　征	产 生 原 因
深凹痕	刮削面研点局部稀少或刀迹与显示研点高低相差太多	1. 粗刮时用力不均，局部落刀太重或多次刀迹重叠； 2. 刀刃磨得弧度过大
撕痕	刮削面上有粗糙的条状刮痕，较正常刀迹深	1. 刀刃不光滑或不锋利； 2. 刀刃有缺口或裂纹
振痕	刮削面上出现有规则的波纹	多次同向刮削，刀迹没有交叉
划道	刮削面上划出深浅不一的直线	研点时夹有砂粒、铁屑等杂质或显示剂不清洁
刮削面精密度不准确	显示的点子情况无规律地改变且捉摸不定	1. 推磨研点时压力不均，研具伸出工件太多，按出现的假点刮削； 2. 研具本身不准确

（二）刮削时刮刀角度的变化及其影响

1. 用平面刮刀刮削平面时

刮刀做前后直线运动，刮刀与工件表面形成的角度如图 10-13（a）所示，其中 $\gamma_o = -15° \sim -35°$，$\alpha_o = 20° \sim 40°$，$\beta_o = 90° \sim 97.5°$。

刮削时对刮刀施力的大小，应根据工件的表面硬度和刮削属于粗刮还是精刮来确定。工件表面硬度高时施力大，硬度低时施力小。粗刮施力大，精刮施力小。在施力过程中，刮刀由于受力而产生弹性变形，将导致刮削角度也随之发生变化。变化的情况如图 10-13（b）所示。

刮削时，由于刮刀前角 γ_o 和后角 α_o 逐渐由大变小（见图 10-13（c）），结果，不仅使刮刀具有一定的切削角，而且通过刮刀的前面对刮削表面进行挤压，产生压光作用，可获得较小的表面粗糙度值，提高刮削表面的质量。

2. 用曲面刮刀刮削曲面时

刮刀做螺旋运动。用蛇头刮刀刮削时，与平面刮削类似，刮刀处于负前角刮削状态。但三角刮刀不一样，它总是以正前角状态来进行刮削，且刮削时的前、后角基本保持不变，故刮削后的内孔表面质量没有上述用负前角刮削的表面质量好。

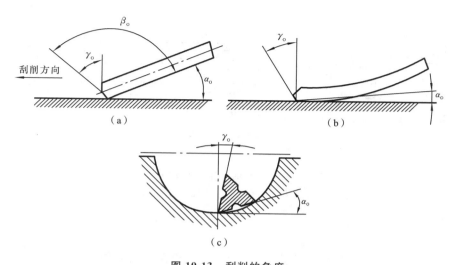

图 10-13　刮削的角度

(a)(c) 刮刀与工件表面形成的角度；(b) 刮削过程中角度的变化

四、任务准备

（一）刮削前的准备工作

1. 工作场地的选择

场地上的光线、室温以及地基都对刮削质量有较大的影响。光线太强或太弱，不仅影响视力，也影响刮削质量。在刮削大型精密工件时，还应选择温度变化小而缓慢的刮削场地，以免因温差变化大，刮削精度的稳定性受到影响。在刮削质量大的狭长面（如车床床身导轨）时，如场地地基疏松，刮削面常会变形。因此在刮削这类机件时，应选择地基坚实的场地。

2. 工件的支承

工件安放必须平稳，使刮削时无摇动现象。安放时应选择合理的支承点，使工件保持自由状态，而不会由于支承而受到附加应力。例如刮削刚度好、质量大、面积大的机器底座接触面（见图 10-14（a））或大体积的平板等时，应该用三点支承。为了防止刮削时工件翻倒，可在其中一个交点的两边适当加木块垫实。对细长易变形的工件，如图 10-14（b）所示，应在距两端 2L/9 处用两点支承。大型工件，如机床床身导轨，刮削时的支承应尽可能与装配时的支承一致。在安放工件的同时应考虑到工件刮削面位置的高低必须适合操作者的身高，一般是近腰部上下，这样便于操作者发挥力量。

3. 工件的准备

应去除工件刮削面的毛刺和锐边倒角，以防止划伤手指。为了不影响显示剂的涂抹效果，刮削面必须清洁干净。

4. 刮削工具的准备

根据刮削要求准备所需的粗刮刀、细刮刀、精刮刀及校准工具、量具等。

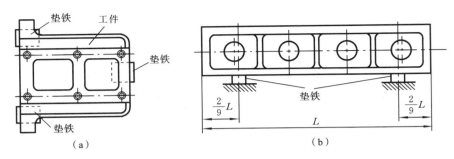

图 10-14　刮削工件的支承方式

（a）大面积工件的支承；（b）细长工件的支承

（二）刮削加工安全注意事项

安全操作的目的在于保证人身及设备的安全，并确保刮削后能得到较好的表面质量和精确度。具体注意事项如下。

（1）不要将刮刀插在衣袋里。

（2）不要用没有刮刀柄的刮刀。

（3）不要用嘴吹切屑。

（4）不要用手指直接去清除切屑。

（5）在砂轮上修磨刮刀时，应站在砂轮的侧面，压力不可过大。

（6）工件表面与标准平板表面相互接触时，应轻而平稳，防止损坏棱角和表面。

（7）刮削有孔的平面时，刮刀不可跨过孔口，只能沿着周围刮削，否则容易使孔口处刮得过低。

（8）刮削工件的边缘时，刮削方向不能与边缘相垂直，应与边缘相交成 45°或 60°角进行；不可用力过大，避免人冲出去而出事故。

（9）刮削时刮刀运动方向应垂直于刀刃，切不可顺刀刃移动，以免划伤表面，产生刀痕。

（10）推研工件时，应均匀使用平板表面，以防平板表面出现局部凹下的现象。

（11）刮削较大工件，搬动时要注意安全，安放时要支垫平稳。

（12）因高度不够，人需要站在垫板上刮削时，必须将垫板安放平稳，并经过试踏平稳后才可开始操作，以免由于人跌倒而产生事故。

（13）刮刀不用时应安放稳妥，防止其掉下来伤人。

（14）绝对禁止玩弄刮刀或持刀对人开玩笑。

五、任务实施

（一）平面刮削方法

1. 平面刮削姿势

刮削姿势是否正确，直接影响到刮削工作的效率和刮削质量。目前采用的刮削姿势有手刮法和挺刮法两种。

（1）手刮法。手刮法姿势如图 10-15 所示。右手如握锉刀柄姿势,左手四指向下蜷曲握住距刮刀头部约 50 mm 处,刮刀与被刮削面成 25°～30°。左脚前跨一步如锉削姿势,上身随着推刮而向前倾斜,以增加左手压力,并容易看清刮刀前面研点的情况。刮削时右手也随着上身前倾将刮刀向前推进,同时左手下压,引导刮刀前进;当推进到所需距离后,左手迅速提起,这样就完成了一个手刮动作。手刮法动作灵活,适用于各种工作位置,对刮刀长度要求不太严格,但手容易疲劳,不适合用于加工余量较大的场合。

图 10-15　手刮法

（2）挺刮法。挺刮法的姿势如图 10-16 所示,将刮刀柄放在小腹右下侧,双手握住刀身（左手在前,右手在后,距刀刃约 80 mm）,刮削时刀刃对准研点,左手下压,利用腿部和臀部力量将刮刀向前推进;当推进到所需距离后,用双手迅速将刮刀提起,这样就完成了一个挺刮动作。挺刮法每刀切削量较大,适合大余量的刮削,但需要弯曲身体操作,腰部容易疲劳。

（a）　　　　　　　　　　（b）

图 10-16　挺刮法

2. 平面刮削步骤

平面刮削一般要经过粗刮、细刮、精刮和刮花。

（1）粗刮。刮削前,如果工件表面有较深的加工刀痕,严重锈蚀或刮削余量较多（0.05 mm 以上）时,都需要进行粗刮。粗刮是用粗刮刀在刮削面上均匀地铲去一层较厚的金属。目的是很快地去除刀痕、锈蚀和过多的余量。粗刮通常采用连续推铲的方法,刀迹要连成长片而不重复。整个刮削面上要均匀地刮削,防止出现边缘低、中间高的现象。如果刮削面有平行度、垂直度要求,刮削前应进行测量。根据误差情况在刮削面的各部位做不同深度的刮削，以优先满足平行度和垂直度的要求，这样可以提高刮削效率。当粗刮到每 25 mm×25 mm 方框内有 2～3 个研点时，即可转入细刮。

（2）细刮。细刮是用细刮刀在刮削面上刮去稀疏的大块研点，目的是进一步改善刮削面的不平现象。细刮时采取短刮法，刀痕短而宽，刀迹长度约为刀刃宽度。随着研点的增多，刀迹要逐步缩短。每刮一遍，要按同一方向刮削（通常是与平面边缘成一定角度）；刮第二遍时要交叉刮削，以消除原方向刀迹，否则刀刃容易沿上一遍刀迹滑动，出现条状研点，不能迅速达到精度要求。在刮削研点时，要把研点周围部分也刮去，这样，周围的次高点就容易显现出来，研点数目增加。显示剂要涂得薄而均匀，以便显点清楚。推研后发亮的研点称为硬点（或实点），应重些刮；显示暗淡的研点称为软点（或虚点），则应轻些刮。显示出的研点软硬均匀，在整个刮削面上达到每 25 mm×25 mm 面积内有 12～15 个研点时，细刮结束。

（3）精刮。精刮就是用精刮刀更仔细地刮削研点（俗称"摘点"）。目的是通过精刮增加研点数目，改善表面质量，使刮削面符合精度要求。精刮时采用点刮法，刀迹长度约为 5 mm。刮削面愈狭小、精度要求愈高时，刀迹愈短。精刮时更要注意压力要轻，提刀要快，在每个研点上只刮一刀，不要重刀，并始终交叉地进行刮削。当研点数目增加到每 25 mm×25 mm 面积内有 20 个以上时，可将研点分为三类，区别对待：最大最亮的研点全部刮去，中等研点只刮顶部一小部分，小研点留着不刮（俗称"刮大点、挑中点、留小点"）。在刮到最后两三遍时，交叉刀迹的大小应该一致，排列应该整齐，以增加刮削面的美观度。

在不同的刮削步骤中，对每刮一刀的深度也应适当控制。因为刀迹的深度和宽度相联系，所以可以通过控制刀迹宽度来控制刀迹深度。一般情况下，当左手对刮刀的压力大时，则刮削的刀迹又宽又深。粗刮时，刀迹宽度不要超过刃口宽度的 2/3～3/4，否则刀刃两侧容易陷入刮削面而形成沟纹。细刮时，刀迹宽度约为刃口宽度的 1/3～1/2。如果刀迹过宽会影响到单位面积的研点数目。精刮时，刀迹宽度应该更窄。

（4）刮花。刮花的目的有两种：一种是单纯为了使刮削面美观；另一种是为了使滑动件之间形成良好的润滑条件。此外，还可以根据花纹的消失量来判断平面的磨损程度。在接触精度要求高、研点要求多的工件上，不应该刮出大块花纹，否则不能达到所要求的刮削精度。一般常见的花纹有以下几种。

① 斜纹花纹。斜纹花纹就是小方块（见图 10-17（a）），是用精刮刀与工件边成 45°角的方向刮成的。花纹的大小依刮削面大小而定。刮削面大，刀花可大些；刮削面狭小，刀花可小些。为了排列整齐和大小一致，可用软铅笔划出格子，一个方向刮完再刮另一个方向。

② 鱼鳞花纹。鱼鳞花纹常称为鱼鳞片。刮削方法如图 10-17（d）所示，先用刮刀的右边（或左边）与工件接触，再用左手把刮刀逐渐压平并同时逐渐向前推进，即在左手向下压的同时，还要把刮刀有规律地扭动一下，扭动结束即推动结束，立即起刀，这样就完成一个花纹。如此连续地推扭，就能刮出如图 10-17（b）所示的鱼鳞花纹来。如果要从交叉两个方向都能看到花纹的反光，就应该从两个方向起刮。

③ 半月花纹。在刮这种花纹时，刮刀与工件成 45°左右的角。除了推挤刮刀外，还要靠手腕的力量扭动刮刀。以图 10-17（c）中一段半月花纹 edc 为例，刮前半段 ed 时，将刮刀从左向右推挤，而后半段 dc 靠手腕扭动刮刀来完成。连续刮下去就能刮出从 f 到 a 的一行整

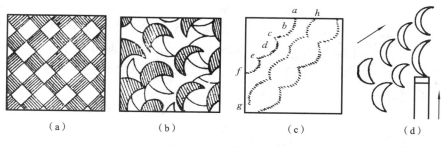

图 10-17 刮花的花纹

(a) 斜纹花纹;(b) 鱼鳞花纹;(c) 半月花纹;(d) 鱼鳞花纹刮削方法

齐的花纹。刮 g 到 h 一行则相反,前半段从右向左推挤,后半段靠手腕从左向右扭动。这种刮花操作,要掌握熟练的技巧才能进行。

除了上述三种常见花纹外,还有其他多种花纹,需要时,可做进一步的观察和练习。

3. 平行面和垂直面的刮削方法

(1) 平行面的刮削方法。先确定一个平面为基准面,对其进行粗、细、精刮,达到单位面积研点数目的要求后,即可以此面为基准刮削对面的平行面。刮削前应先以标准平板为测量基准,用百分表测量该面对基准面的平行度误差,确定粗刮时各刮削部位的刮削量,并结合显点刮削,以保证平面度公差要求。在初步满足平行度公差和平面度公差的情况下,进入细刮工序。细刮时除了用显点方法来确定刮削部位外,还要结合百分表进行平行度测量做必要的刮削修正。达到细刮要求后,可进行精刮。精刮时主要按研点进行刮削,以达到单位面积的研点数目要求,同时还要间断地进行控制平行度误差的测量,直到符合要求为止。图 10-18 所示为用百分表测量平行度误差的方法。

(2) 垂直面的刮削方法。垂直面的刮削方法与平行面的刮削方法相似,也是先确定一个平面为基准面,对其进行粗、细、精刮后用作基准,对垂直面进行测量(见图 10-19),以确定粗刮的刮削部位和刮削量,并结合显点刮削,以保证平面度要求。细刮和精刮时除按研点进行刮削外,还要不断地进行垂直度测量,直到被刮削面的单位面积研点数目和垂直度都符合要求为止。

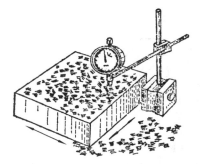

图 10-18 用百分表测量平行度

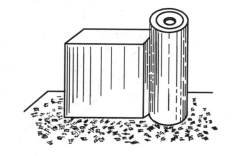

图 10-19 垂直度测量方法

(二) 曲面刮削方法

曲面刮削的原理和平面刮削一样。但是,刮削内曲面时,刀具所做的运动是螺旋运动。

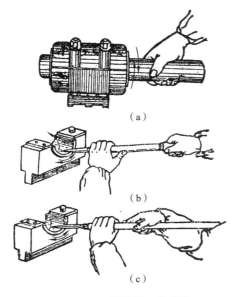

图 10-20　曲面刮刀的握法

(a) 显点；(b)(c) 曲面刮削方法

以标准轴或配合的轴做内曲面研磨点子的工具。研磨时，将显示剂均匀地涂在轴面上，用轴在轴孔中来回旋转，点子即可显示出来，如图 10-20 (a) 所示，然后可以针对高点刮削。曲面刮削方法有以下两种。

（1）如图 10-20(b) 所示，右手握住刀柄，左手掌向下用四指横握刀杆。刮削时右手做半圆转动，左手顺着曲面的方向拉动或推动刀杆，如图中箭头所示，与此同时，刮刀在轴向还要做些许移动（即刮刀做螺旋运动）。

（2）如图 10-20(c) 所示，刮刀杆较长，搁在右手臂上，双手握住刀身。刮削时左右动作与前一种姿势一样。

刮削时用力不可太大，否则刀杆容易发生抖动，表面产生振痕。曲面刮削也要交叉进行，防止产生波纹。

（三）原始平板的刮削

校准平板也称为标准平板，是检验、划线及刮削中的基本工具，要求非常精密。刮削校准平板，可以在已有的校准平板上用合研显示的方法刮削。如果没有校准平板，则可以用三块平板互研互刮的方法，将三块平板刮成原始的精密平板。刮削原始平板要经过正研和对角研两个步骤进行。

1. 正研

（1）正研的刮削原理。

正研是采取纵向和横向直研的方法显点刮削，目的是消除纵向和横向的起伏误差。正研用三块平板轮换合研显示，如图 10-21 所示。具体做法是：先将原始平板编成 A、B、C 号，然后 A 号对 B 号、A 号对 C 号、C 号对 B 号合研。

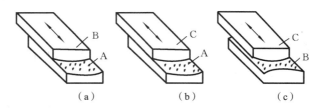

(a)　　　　　　　　(b)　　　　　　　　(c)

图 10-21　正研刮削原理

(a) B 号平板凸；(b) C 号平板凸；(c) 消除 B、C 号平板的凸起

由图 10-21 可以看出，B、C 号平板都和 A 号平板对研，A 号平板称为过渡基准。刮研的结果是：图(a) 中 B 号平板凸，图(b) 中 C 号平板凸，按图(c) 所示操作则可消除 B 号和 C 号平板的凸起。如果再分别以 B 号、C 号平板为过渡基准重复上面的过程——三块平板轮

换刮削,即能逐渐消除平板表面的凸起。

(2)正研的步骤和方法。

正研刮削原始平板的步骤如图 10-22 所示。

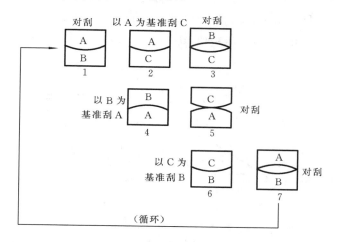

图 10-22 原始平板刮削步骤

① 一次循环。以 A 为过渡基准,A 与 B 互研互刮至贴合。再将 C 与 A 互研,单刮 C,使 C 和 A 贴合。然后 B 与 C 互研互刮至贴合。此时 B 与 C 的平直情况略有改进。

② 二次循环。在上一循环 B 与 C 互研互刮至贴合的基础上,按顺序以 B 为过渡基准,A 与 B 互研,单刮 A。然后 C 与 A 互研互刮至贴合。这样,平直度又有所提高。

③ 三次循环。在上一循环的基础上,按顺序以 C 为过渡基准,B 和 C 互研,单刮 B。然后 A 与 B 互研互刮,至完全贴合,则 A 与 B 的平直度进一步提高。

重复上述对研、刮削过程,循环次数越多则平板获得的平直度越高。直到三块平板中任取两块对研,研点数目基本一致,即在 25 mm×25 mm 内达到 12 个左右,正研即告完成。

(3)正研存在的不足。

正研是一种传统的工艺方法,机械地按照一定顺序配研,刮后的显点不能反映出平面的真实情况。如图 10-23 所示,在正研过程中出现三块平板在相同的位置上有扭曲现象,称为同向扭曲,即 ab 对角高,而 cd 对角低。如果取其中任意两块平板互研,则是高处(+)正好和低处(-)重合,经刮研后其显点也可能分布得很好,但扭曲依然存在,而且越刮扭曲越严重。这就是正研刮削法的不足之处,故不能继续提高平板的精度。

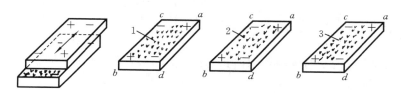

图 10-23 正研的缺点

2. 对角研

为了进一步消除扭曲误差和提高精度,可采取对角研的方法进行刮研,如图 10-24(a)所示。对研时高角对高角,低角对低角。研后显点如图 10-24(b)所示,ab 角重,中间轻,cd 无点,扭曲现象会明显地显示出来。根据研点修刮,直到研点分布均匀,即可消除扭曲。经过多次对角研刮,直到无论是正研、对角研还是调头研,三块平板显点情况都完全一致,研点数目符合要求为止。

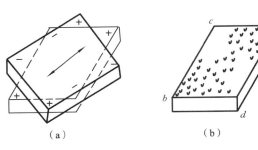

图 10-24　对角研示意图

(a) 对角研;(b) 研后显点

用三块平板互研互刮的方法刮削原始平板,是在没有掌握用仪器直接测定平面度误差时采用的一种方法。目前,精密测量仪表已经普遍使用,测量方法在理论上和实践上都已比较成熟。所以,随着检测方法的增多和测量水平的提高,刮研原始平板的方法也将逐步改进或被新的方法所代替。

作为一名钳工,掌握原始平板的刮削技能和技巧,对于基本功训练和刮削经验的积累还是十分有益的。

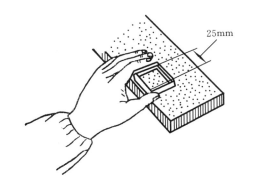

图 10-25　用方框检查接触点

（四）刮削质量的检查

刮削精度包括尺寸精度、形状和位置精度、接触精度及贴合程度、表面粗糙度等。

由于工件的工作要求不同,刮削精度的检查方法也有所不同。常用的检查方法有以下几种。

（1）以接触点数目来表示,即用边长为 25 mm 的正方形方框罩在被检查面上,根据在方框内的接触点数目多少来表示(见图 10-25)。各种平面的接触精度对应的接触点数目如表 10-4 所示。曲面刮削中,较多的是对滑动轴承内孔的刮削,滑动轴承在各种不同接触精度下的接触点数目如表 10-5 所示。

（2）用平面度公差和直线度公差表示,工件平面大范围内的平面度误差,以及机床导轨面的直线度误差等,是用方框水平仪来进行检查的,如图 10-26(a)、(b)所示。同时,其接触精度应符合规定的技术要求。

表 10-4　各种平面接触精度对应的接触点数目

平面种类	边长为 25 mm 正方形内的接触点数目	应 用 举 例
一般平面	2～5	较粗糙机件的固定结合面
	5～8	一般结合面
	8～12	机器台面、一般基准面、机床导向面、密封结合面
	12～16	机床导轨及导向面、工具基准面、量具接触面
精密平面	16～20	精密机床导轨、平尺
	20～25	1 级平板、精密量具
超精密平面	>25	0 级平板、高精度机床导轨、精密量具

表 10-5　滑动轴承的接触点数目

轴承直径/mm	机床或精密机械主轴轴承			锻压设备、通用机械的轴承		动力机械、冶金设备的轴承	
	高精度	精密	普通	重要	普通	重要	普通
	边长为 25 mm 的正方形内的接触点数目						
≤120	25	20	16	12	8	8	5
>120	10	10	8	6	6	2	

（3）使百分表的触头接触已刮好的平面，然后推动座架，使百分表在平面上移动。根据百分表指针的变化情况，就可以检验出平面度误差，如图 10-26 所示。

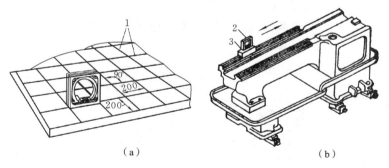

图 10-26　用水平仪检查平面度误差

（a）检查平面；（b）检查导轨面

1—测量线；2—水平仪；3—角度底座

学习情境十一 研 磨 加 工

一、任务目标

（1）了解研磨的原理和研磨加工的方法。
（2）掌握研磨加工的操作技能。

二、背景知识

用研磨工具和研磨剂从工件表面上磨掉一层极薄的金属，使工件达到精确的尺寸、准确的几何形状和很小的表面粗糙度值，这种加工方法称为研磨。

研磨是在其他金属加工方法不能满足工件精度和表面质量要求时所采用的精密加工方法，在量具、仪器的制造和修理中的应用尤其广泛。

（一）研磨的基本原理

手工研磨的一般方法如图 11-1 所示，即在研磨工具（研具，图中为平板）的研磨面上涂上研磨剂，在一定压力下，工件和研具按一定轨迹做相对运动，直至研磨完毕。

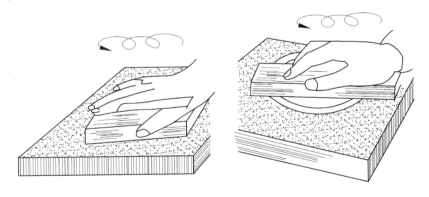

图 11-1 手工研磨

研磨的基本原理可分为物理作用和化学作用来分别讨论。

1. 物理作用

研磨时要求研具材料比被研磨的工件软，这样受到一定压力后，研磨剂中微小颗粒（磨料）被压嵌在研具表面上。这些细微的磨料具有较高的硬度，像无数刀刃。当研具和工件做复杂的相对运动的同时,磨料细粒就在它们之间做运动轨迹很少重复的滑动和滚动。因而对工件产生微量的切削作用,从其表面切去一层极薄的金属。借助于研具的精确型面,工件逐渐得到准确的尺寸精度及极低的表面粗糙度。

2. 化学作用

有的研磨剂还起化学作用。例如,采用氧化铬、硬脂酸等化学研磨剂进行研磨时,与空气接触的工件表面很快形成一层极薄的氧化膜,而且氧化膜又很容易被研磨掉,这就是研磨的化学作用。

在研磨过程中,氧化膜迅速形成(化学作用),又不断地被磨掉(物理作用)。经过这样多次反复,工件表面很快就达到预定的要求。由此可见,研磨加工实际体现了物理和化学的综合作用。

(二)研磨的作用

(1)减小表面粗糙度值。表 11-1 所示为用不同加工方法所得到的表面粗糙度值,从表中可以看出研磨加工后的表面粗糙度值最小,一般情况下表面粗糙度 Ra 值为 $0.2 \sim 0.05$ μm,最小可达 0.006 μm。

表 11-1 用各种加工方法所得表面粗糙度值比较

加工方法	加工情况	表面放大的情况	表面粗糙度 Ra 值/μm
车			$1.6 \sim 80$
磨			$0.4 \sim 5$
压光			$0.1 \sim 2.5$
珩磨			$0.1 \sim 1.0$
研磨			$0.05 \sim 0.2$

(2)能达到精确的尺寸精度。通过研磨后的工件,尺寸精度可达到 $0.001 \sim 0.005$ mm。

(3)能改进工件的几何形状精度,从而使工件得到准确的几何形状。用一般机械加工方法产生的形状误差都可以通过研磨的方法校正。

(4)能延长使用寿命。由于研磨后零件表面粗糙度值小,形状准确,所以零件的耐磨性、耐腐蚀能力和疲劳强度都相应地提高,从而延长了零件的使用寿命。

（三）研磨余量

因为研磨是微量切削，一般每研磨一遍所能磨去的金属层厚度不超过 0.002 mm。因此研磨余量不能太大，一般在 0.005～0.030 mm 之间比较适宜。研磨余量应根据工件尺寸大小和几何形状精度要求而定，有时研磨余量就保持在工件的公差以内。

（四）研具和研磨剂

1. 研具

在研磨加工中，研具是保证研磨工件几何形状正确的主要因素。因此对研具的材料、几何精度要求较高，而且要求研具表面粗糙度值要小。

（1）研具材料。

研具材料应满足如下技术要求：材料的组织细密均匀；有较高的稳定性和耐磨性；具有较好的嵌存磨料的性能；研具工作面的硬度比工件表面的硬度稍低一些。

常用的研具材料有以下几种。

① 灰铸铁。它具有嵌存磨料性能好、磨损较慢、硬度适中，研磨剂在其表面容易涂布均匀等优点，是一种研磨效果较好、价格便宜、容易得到的研具材料。

② 球墨铸铁。它一般比灰铸铁更容易嵌存磨料，是嵌得更均匀牢固的研具材料，同时还能增加研具的耐用度。用球墨铸铁制造的研具已得到广泛应用。

③ 软钢。它的韧性较好，且不容易折断，常用来做小型的研具，如研磨螺纹和小直径工具、工件的研具。

④ 铜。它的性质较软，表面容易被磨料嵌入，适于做研磨软钢的研具。

除上述四种常用的研具材料外，对一些特殊的研磨对象，还有采用巴氏合金和铅等来制作研具的。

（2）研具的类型。

① 研磨平板。如图 11-2 所示，它主要用来研磨工件的平面，如块规、精密量具的平面等。它分有槽和光滑的两种平板。有槽的用于粗研磨，研磨时易于将工件压平，可以防止将研磨面磨成凸弧面。光滑的平板适用于精研磨。

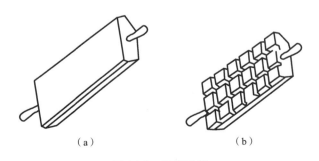

（a）   （b）

图 11-2　研磨平板

（a）光滑平板；（b）有槽平板

② 研磨环。如图 11-3 所示，研磨环主要用来研磨工件的外圆柱表面。研磨环的内径

应比工件的外径略大 0.025～0.05 mm。研磨环做成如图 11-3 所示的可调节式。其结构是：中间有开口的研套，外圈上有调节螺钉(见图 11-3(a))。当研磨一段时间后，若研套内径磨损，可拧紧调节螺钉，使研套的孔径缩小来达到所需要的间隙。图 11-3(b)所示的研磨环，由研套和外壳组成。中间的研套有一开口的通槽，在外径的三等分部位开有两通槽，以便用螺钉调节孔径的大小，并用定位螺钉来固定研套，以保证研磨工作的进行。研磨环的长度一般为孔径的 1～2 倍。

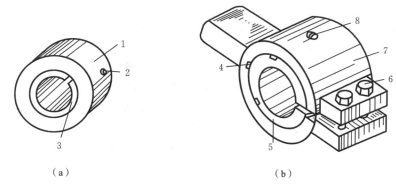

（a）　　　　　　　　　　　　　　　（b）

图 11-3　研磨环

(a) 固定式；(b) 可调节式

1—外圈；2—调节螺钉；3,5—研套；4—通槽；6—螺钉；7—外壳；8—定位螺钉

③ 研磨棒。如图 11-4 所示，研磨棒主要用于圆柱孔的研磨，有固定式和可调节式两种。

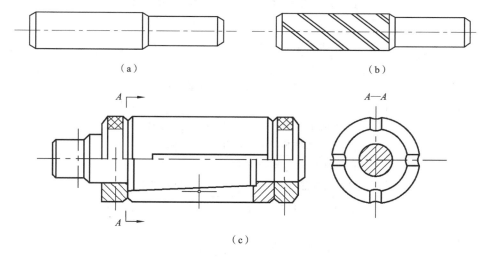

（a）　　　　　　　　　　　　　　　（b）

（c）

图 11-4　研磨棒

固定式研磨棒制造容易，但磨损后无法补偿，多用于单件研磨或修理工作中。对工件上某一尺寸孔径的研磨，需要 2～3 个预制好的有粗、半精、精研磨余量的研磨棒来完成。有槽的用于粗研磨，光滑的用于精研磨。

可调节的研磨棒，因为能在一定的尺寸范围内进行调节，故适用于成批生产中工件孔的研磨。它可以延长研具的使用寿命，应用范围广泛。

如果把研磨环的内孔、研磨棒的外圆做成圆锥形，则可用来研磨外、内圆锥表面。

2. 研磨剂

研磨剂是由磨料和研磨液调和而成的混合剂。

（1）磨料。

磨料在研磨工作中起切削作用，研磨工件的效率、精度和表面粗糙度都与磨料有密切的关系，常用的磨料有以下三种。

① 氧化物磨料。氧化物磨料有粉状的和块状的两种，主要用于碳素工具钢、合金工具钢、高速钢和铸铁工件的研磨。

② 碳化物磨料。碳化物磨料呈粉状。它的硬度高于氧化物磨料，除用于一般钢铁材料制件的研磨外，主要用来研磨硬质合金、陶瓷和铬钢之类的高硬度工件。

③ 金刚石磨料。金刚石磨料分人造金刚石和天然金刚石磨料两种。天然金刚石磨料切削能力、硬度比氧化物、碳化物磨料都高，实用效果也好。但由于价格昂贵，一般多采用人造金刚石磨料。这种磨料用于硬质合金、铬钢、人造宝石、玛瑙和陶瓷等高硬度材料的精研磨加工。

磨料的系列与用途如表 11-2 所示。

表 11-2　磨料的系列与用途

系列	磨料名称	特　性	适 用 范 围
氧化铝系	棕刚玉	棕褐色。硬度高、韧度大、价格便宜	粗、精研磨钢、铸铁、黄铜
	白刚玉	白色。硬度比棕刚玉高，韧度比棕刚玉差	精研磨淬火钢、高速钢、高碳钢及薄壁零件
	铬刚玉	玫瑰红或紫红色。韧度比白刚玉高，磨削时能获得理想的表面质量	研磨量具、仪表零件及低粗糙度表面
	单晶刚玉	淡黄色或白色。硬度和韧度比白刚玉高	研磨不锈钢、高钒高速钢等强度高、韧度大的材料
碳化物系	黑碳化硅	黑色有光泽。硬度比白刚玉高，性脆而锋利，导热性和导电性良好	研磨铸铁、黄铜、铝、耐火材料及非金属材料
	绿碳化硅	绿色。硬度和脆性比黑碳化硅高，具有良好的导热性和导电性	研磨硬质合金、铬钢、人造宝石、陶瓷、玻璃等材料
	碳化硼	灰黑色，硬度仅次于金刚石，耐磨性好	精研磨和抛光硬质合金、人造宝石等硬质材料
金刚石系	人造金刚石	无色透明或淡黄色、黄绿色、黑色。硬度高，比天然金刚石略脆，表面粗糙	粗、精研磨硬质合金、人造宝石、半导体等高硬度脆性材料
	天然金刚石	硬度最高，价格昂贵	
其他	氧化铬	深绿色	精研磨或抛光淬硬钢、铸铁、玻璃等材料
	氧化铁	红色至暗红色。比氧化铬软	

磨料的粗细用粒度表示,分磨粒、磨粉和微粉三个系列,如表 11-3 所示。

表 11-3　磨料的颗粒尺寸

组别	粒度号数	颗粒尺寸/μm	组别	粒度号数	颗粒尺寸/μm
磨粒	12$^\#$	2000~1600	磨粉	240$^\#$	63~50
	14$^\#$	1600~1250		280$^\#$	50~40
	16$^\#$	1250~1000	微粉	W40	40~28
	20$^\#$	1000~800		W28	28~20
	24$^\#$	800~630		W20	20~14
	30$^\#$	630~500		W14	14~10
	36$^\#$	500~400		W10	10~7
	46$^\#$	400~315		W7	7~5
	60$^\#$	315~250		W5	5~3.5
	70$^\#$	250~200		W3.5	3.5~2.5
	80$^\#$	200~160		W2.5	2.5~1.5
磨粉	100$^\#$	160~125		W1.5	1.5~1
	120$^\#$	125~100		W1	1~0.5
	150$^\#$	100~80		W0.5	0.5~更细
	180$^\#$	80~63	—	—	—

磨粒、磨粉的粒度用号数标注,一般在数字右上角加“♯”表示。此类磨料用过筛法测得,粒度号为单位面积上的筛孔数目:号数大,磨料细;号数小,磨料粗。如 240$^\#$ 磨料比 100$^\#$ 磨料细。

微粉的粒度则用微粉尺寸数字前加“W”表示。此类磨料用沉淀法测得:号数大,磨料粗;号数小,磨料细。如 W15 磨料比 W10 磨料粗。

研磨所用磨料主要是磨粉和微粉,应用时应根据研磨精度的高低,按表 11-4 选用。

表 11-4　常用研磨粉

研磨粉号数	研磨加工类别	可达到的表面粗糙度 Ra/μm
100$^\#$~280$^\#$	用于最初的研磨加工	—
W40~W20	用于粗研磨加工	0.4~0.2
W14~W7	用于半精研磨加工	0.2~0.1
W5 以下	用于精研磨加工	0.1 以下

(2)研磨液。

研磨液在研磨中起调和磨料、冷却和润滑作用。研磨液应具有以下特点。

① 有一定的黏度和稀释能力。磨料通过研磨液的调和,对研具表面有一定的黏附性,使磨料对工件产生切削作用。

② 有良好的冷却和润滑作用，防止在研磨过程中温度升高，影响工件的精度。

③ 对工件无腐蚀性，对工人健康无害，且易于洗净。

常用的研磨液有煤油、汽油、10 号与 20 号机油、工业用甘油、透平油等。

（3）研磨剂的配制。

在磨料和研磨液中加入适量的石蜡、蜂蜡等填料和黏度较大而氧化作用较强的油酸、脂肪酸、硬脂酸等，即可配成研磨剂或研磨膏。

例如，粗研磨用研磨剂配方如下：白刚玉（W14）16 g，硬脂酸 8 g，蜂蜡 1 g，油酸 15 g，航空油 80 g，煤油 80 g。如果用于精研磨，除将白刚玉改为较细的 W7 或 W3.5，不加油酸，并多加煤油 15 g 之外，其他相同。

用于精研磨的研磨膏配方为：金刚砂 40%，氧化铬 20%，硬脂酸 25%，电容器油 10%，煤油 5%。

配制方法：先将硬脂酸与蜂蜡加热熔化，待其冷却后，加入汽油搅拌，经双层纱布过滤，最后加入研磨粉和油酸（精研不用加油酸）。

一般工厂直接采用成品研磨膏，使用时加机油稀释即可。

三、任务分析

研磨时产生废品的形式、原因及预防方法如表 11-5 所示。

表 11-5　研磨质量分析

废品形式	废品产生原因	预防方法
表面不光洁	1. 磨料过粗； 2. 研磨液不当； 3. 研磨剂涂得太薄	1. 正确选用磨料； 2. 正确选用研磨液； 3. 研磨剂涂布应适当
表面拉毛	研磨剂中混入杂质	重视并做好清洁工作
平面凸起或孔口扩大	1. 研磨剂涂得太厚； 2. 孔口或工件边缘被挤出的研磨剂未擦去就继续研磨； 3. 研棒伸出孔口太长	1. 研磨剂涂布应适当； 2. 被挤出的研磨剂应擦去后再研磨； 3. 研棒伸出长度应适当
孔呈椭圆形或有锥度	1. 研磨时没有更换方向； 2. 研磨时没有调头研	1. 研磨时应变换方向； 2. 研磨时应调头研
薄壁工件拱曲变形	1. 工件发热了仍在继续研磨； 2. 装夹不正确引起变形	1. 不使工件温度超过 50 ℃，发热后应暂停研磨； 2. 装夹要稳定，不能夹得太紧

四、任务准备

研磨前除了要准备好研磨工具和研磨剂以外，研磨过程中要特别注意清洁工作。研磨后工件表面质量的好坏,除与选用研磨剂及研磨的方法有关外,还与研磨时清洁工作好坏否有很大关系。若在研磨中忽视了清洁工作,轻则使工件表面拉毛,影响表面粗糙度,严重的则拉出深痕而造成废品。因此,在整个研磨过程中必须重视清洁工作,只有这样才能研磨出高质量的工件表面。同时研磨后应及时将工件清洗干净并采取防锈措施。

五、任务实施

研磨分手工研磨和机械研磨两种。手工研磨时,要使工件表面各处都得到均匀的切削,应该选择合理的运动轨迹,这对提高研磨效率、工件的表面质量和研具的寿命都有直接的影响。

(一) 手工研磨

1. 手工研磨运动轨迹的形式

手工研磨的运动轨迹,一般采用直线、摆动式直线、螺旋线、"8"字形和仿"8"字形等几种。不论哪一种轨迹的研磨运动,都有一个共同的特点,就是工件的被加工面与研具工作面要做相密合的平行运动。这样的研磨运动既能获得比较理想的研磨效果,又能保持研具的均匀磨损,提高研具的寿命。

(1) 直线研磨运动轨迹。直线研磨运动的轨迹由于不能相互交叉,容易产生重叠,使工件难以得到低的表面粗糙度,但可获得较高的几何精度。所以它适用于有台阶的狭长平面的研磨。

(2) 摆动式直线研磨运动轨迹。由于某些量具的研磨(如研磨双斜面直尺、90°角尺的侧面以及圆弧测量面等)主要要求是平面度,因此,可采用摆动式直线研磨运动,即在左右摆动的同时做直线往复移动。

(3) 螺旋式研磨运动轨迹。研磨圆片或圆柱形工件的端面等时,采用螺旋式研磨运动,能获得较低的表面粗糙度和较高的平面度,其运动轨迹如图 11-5 所示。

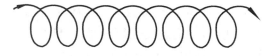

图 11-5　螺旋式研磨运动轨迹

(4) "8"字形或仿"8"字形研磨运动轨迹。研磨小平面工件,通常都采用"8"字形或仿"8"字形研磨运动,其轨迹如图 11-6 所示,采用该运动轨迹,能使相互研磨的面保持均匀接触,既有利于提高工件的研磨质量,又可使研具的磨损均匀。

以上几种研磨运动的轨迹,应根据工件被研磨面的形状特点合理选用。下面分别叙述几种不同研磨面的研磨方法。

2. 平面研磨

平面的研磨一般是在非常平整的研磨平板(研具)上进行的。

研磨平板分有槽的和光滑的两种。粗研应该在有槽的研磨平板上进行(见图 11-7(a)),

图 11-6　"8"字形或仿"8"字形研磨运动轨迹

因为在有槽的研板上容易将工件压平,研磨时就不会将工件表面磨成凸弧面。精研则应在光滑的研磨平板上进行(见图 11-7(b))。

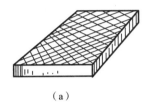　　　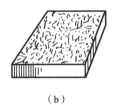

（a）　　　　　　　　　　　　　（b）

图 11-7　研磨用研板

(a) 有槽研板;(b) 光滑研板

研磨前,先用煤油或汽油把研磨平板的工作表面清洗干净并擦干,再在研磨平板上涂上

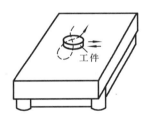

**图 11-8　用"8"字形运动
方式研磨平面**

适当的研磨剂,然后把工件需研磨的表面(已去除毛刺并清洗过)合在研板上。沿研磨平板的全部表面(使研磨平板的磨损均匀),以"8"字形(见图 11-8)或螺旋形的旋转和直线运动相结合的方式进行研磨,并不断变更工件的运动方向。周期性的运动使磨料不断在新的方向起作用,从而工件就能较快达到所需要的精度要求。

在研磨过程中,研磨的压力和速度对研磨效率和质量有很大影响。若压力太大,研去的金属就多,表面粗糙,甚至会因磨料压碎而将表面划伤。研磨较小的硬工

件或粗研磨时,可用较大的压力、较低的速度进行研磨,而研磨大工件或精研时就应用较小的压力、较快的速度进行研磨。有时由于工件自身太重或接触面较大,互相贴合后的摩擦阻力大,为了减小研磨时所需的推动力,可加些润滑油或硬脂酸来进行润滑。在研磨中,应防止工件发热。若有发热,应立即暂停研磨;如果继续研磨下去,会使工件变形,特别是薄壁和壁厚不均匀的工件更易发生变形。此外,工件发热时不能进行测量,因为工件发热时所测得的尺寸是不准的。

在研磨狭窄平面时,可用金属块作导靠(金属块平面应相互垂直),使金属块和工件紧紧地靠在一起,并跟工件一起研磨,如图 11-9(a)所示,以保持侧面和平面垂直,防止倾斜和产生圆角。按这种被研磨面的形状特点,应采用直线研磨运动轨迹。如工件的数量较多,则可采用 C 形夹头,把几块工件夹在一起进行研磨。这样可加大接触面,研磨时工件不会歪斜,也可提高效率。图 11-9(b)所示的 90°角尺的刀口要研成 $R \leqslant 0.2$ mm 的圆弧面,这时则可

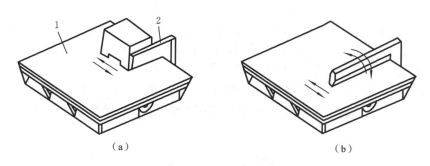

图 11-9　狭窄平面的研磨

（a）研磨狭窄平面；（b）研磨角尺刀口
1—研磨平板；2—角度样板

采用摆动式直线研磨运动轨迹。

3. 圆柱面的研磨

圆柱面一般都以手工与机器的配合运动进行研磨。圆柱面研磨分为外圆柱面的研磨和内圆柱面的研磨。现就两种研磨方法分别叙述如下。

（1）研磨外圆柱面。研磨外圆柱面一般是在车床或钻床上用研磨环对工件进行研磨。

在研磨外圆柱面时，工件可由车床带动，在工件上均匀涂上研磨剂，套上研磨环（其松紧程度应以手用力能转动为宜）。通过工件的旋转运动和研磨环在工件上沿轴线方向做往复运动进行研磨（见图 11-10（a）、（b））。一般情况下，工件的直径小于 80 mm 时，其转速为 100 r/min；工件的直径大于 100 mm 时，其转速为 50 r/min。研磨环往复运动的速度根据工件在研磨环上研磨出来的网纹来控制（见图 11-10（c））。当研磨环往复运动的速度适当时，工件上研磨出来的网纹成 45°交叉线；如果研磨环往复运动速度过快，则网纹与工件轴线夹角较小；如果研磨环往复运动速度过慢，网纹与工件轴线夹角就较大。研磨环往复运动的速度不论太快还是太慢，都会影响工件的精度和耐磨性。

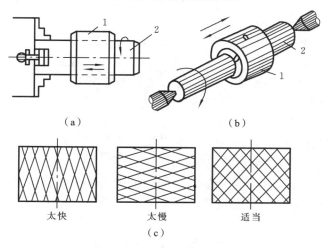

（a）　　　　　　　　　（b）

太快　　　　太慢　　　　适当
（c）

图 11-10　研磨外圆柱面

1—研磨环；2—工件

　　在研磨过程中,如果由于上道工序的加工误差造成工件直径大小不一(在研磨时可感觉到,直径大的部位研磨环比较紧,而直径小的部位比较松),可在直径大的部位多研磨几次,一直到尺寸完全一样为止。研磨一段时间后,应将工件调头再研磨,这样能使轴容易得到准确的几何形状。同时,研磨环的磨损也比较均匀。

　　(2) 内圆柱面的研磨。与外圆柱面的研磨相反,内圆柱面的研磨是将工件套在研棒上进行的。研棒的外径应较工件内径小 0.01～0.025 mm。研棒的形式一般有如图 11-11 所示的固定式和可调式两种。

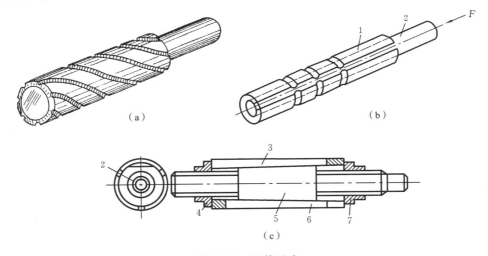

图 11-11　研棒形式

(a) 固定式;(b)(c) 可调式

1,6—外套;2—心棒;3—不通穿槽;4—左螺母;5—锥体;7—右螺母

　　图 11-11(a)所示为固定式研棒。它的圆柱体外套上开有环形槽或螺旋槽,以存储研磨剂。这种形式的研棒通常有不同的直径,磨损后就不能用了。其因结构简单,常在单件生产和机器修理中使用。

　　图 11-11(b)、(c)所示为可调式研棒,它们是以心棒锥体的作用来调节外套直径的。图11-11(b)所示的研棒由一外圆锥体心棒与开有通槽、带内圆锥孔的外套组成。调节时,将心棒按箭头方向敲紧,即可使外套的外径胀大,反之缩小。图 11-11(c)所示的研棒由两端带有螺杆的锥体、带内圆锥孔的外套和两个调节螺母组成。调节时,将右螺母放松,再旋紧左螺母,使外套外径胀大(外套上开有三条或多条不通的穿槽来保证直径的胀大、缩小)。将外套的外径调节到所需的尺寸后,拧紧右螺母,使其尺寸固定。放松右螺母,研棒的外径即缩小。这种可调节的研棒结构比较完善,应用较广。

　　研棒的工作部分(即带内圆锥孔的外套)的长度应大于工件长度,但太长则会影响工件的研磨精度,具体可根据工件长度而定。一般情况下,研棒工作部分的长度是工件长度的1.5～2 倍。

　　内圆柱面的研磨,是将研棒夹在车床卡盘外(大直径的长研棒,另一端用尾座顶尖顶住),把工件套在研棒上进行。

　　研棒与工件的配合要适当,配合太紧,易将孔面拉毛;配合太松,孔会被研磨成椭圆形。

一般研棒直径应比被研孔小 0.010～0.025 mm。研磨时,如工件的两端有过多的研磨剂被挤出,应及时擦掉,否则会使孔口扩大,被研磨成喇叭口形状。如孔口精度要求很高,可将研棒的两端用砂布擦得略小一些,以避免孔口扩大。研磨后,因工件有热量,应待其冷却至室温后再进行测量。

4. 圆锥面的研磨

对于工件圆锥表面(包括内圆锥面和外圆锥面)的研磨,所用研棒(套)工作部分的长度应是工件研磨长度的 1.5 倍左右,锥度必须与工件锥度相同。其结构有固定式和可调式两种。

圆锥面固定式研棒开有左向的螺旋槽(见图 11-12(a))和右向的螺旋槽(见图 11-12(b))两种。圆锥面可调式研棒(套)的结构原理和圆柱面可调式研棒(套)的相同。

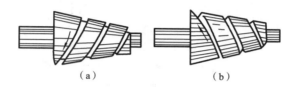

（a） （b）

图 11-12 圆锥面固定式研棒
（a） 左向螺旋槽；（b） 右向螺旋槽

研磨一般在车床或钻床上进行,研磨时研棒转动方向应与其螺旋方向相适应(见图 11-12)。在研棒或研套上均匀地涂上一层研磨剂,插入工件锥孔中或套进工件的外锥表面旋转 4～5 圈后,将研具稍微拔出一些,然后再推入,进行研磨(见图 11-13)。研磨到接近要求的精度时,取下研具,擦干研具和工件被磨表面的研磨剂,重复套上研磨(起抛光作

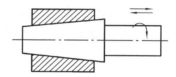

图 11-13 研磨圆锥面

用),一直到被加工表面呈银灰色或发光为止。有些工件(例如分配阀和阀门)是在装配后直接用彼此接触的表面进行研磨来达到最终的精度要求的,不必使用研具。

5. 阀门密封线的研磨

为了使各种阀门的结合部位不渗漏气体或液体,要求阀门具有良好的密封性,故在其结合部位,一般是制出既能达到密封结合要求,又便于研磨加工的线接触特征或很窄的环面、锥面(见图 11-14),这些很窄的接触部位所形成的接触部位,称为阀门密封线。

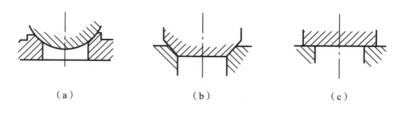

（a） （b） （c）

图 11-14 阀门密封线的形式

研磨阀门密封线多采用阀盘与阀座直接互相研磨的方法。由于阀盘和阀座配合类型的不同,因此可以采用不同的研磨方法。

图 11-15(a)所示为气阀,图 11-15(b)所示为柴油机喷油器,它们的锥形阀门密封线是采用螺旋形研磨的方法进行研磨的。

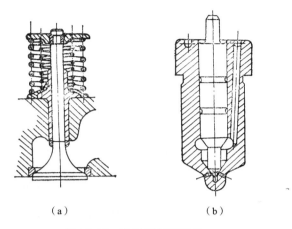

（a）　　　　　　　　　　（b）

图 11-15　锥形阀门密封线

（a）气阀；（b）柴油机喷油器

（二）机械研磨

机械研磨既能减轻劳动强度,又能提高研磨效率和研磨质量,一般用于成批生产,常用的研磨机有双盘平面研磨机和外圆柱面研磨机等。

学习情境十二　机床夹具基础

一、学习目标

（1）了解夹具的概念、分类、作用及组成。
（2）掌握工件在夹具中的定位及夹紧方法。

二、背景知识

（一）夹具的概念及分类

在机械制造的各工艺过程中，凡用来迅速、方便、安全地安装工件的装置都称为夹具。夹具按其所应用的不同工艺过程，可分为机床夹具、检验夹具、装配夹具、焊接夹具等。不同的夹具，其结构形式、工作情况、设计原则都不相同，就使用数量和在生产中所占的地位来说，应以机床夹具为首。

所谓机床夹具，就是在机床上使用的一种工艺装备，它用来迅速准确地安装工件，使工件获得并保持在切削加工中所需要的正确加工位置。所以机床夹具是用来使工件定位和夹紧的机床附加装置，一般简称为夹具。

机床夹具的种类很多，可以有各种不同的分类方法。通常按使用特点分为通用夹具、专用夹具、可调夹具和组合夹具；按适用的机床分为钻床夹具、车床夹具、铣床夹具、磨床夹具、镗床夹具和其他机床夹具；按夹紧动力源分为手动夹具、气动夹具、液压夹具、气液夹具、电动夹具、电磁夹具和真空夹具等。

（二）夹具的作用及组成

用夹具装夹工件时将工件直接装入夹具，依靠定位元件使工件占有正确的加工位置，不再需要找正便可保证加工要求。而且，成批加工工件时，刀具一经调整好，在规定的磨损范围内，便不再进行调整。因此，采用夹具装夹工件进行加工有如下作用。

（1）保证工件的加工精度，使产品质量稳定。使用夹具时，由于夹具在机床上的安装位置和工件在夹具中的安装位置均已确定，所以工件在加工中的正确位置易于得到保证，不受工人的划线质量和按划线找正、装夹等操作技术的影响，引导导向元件又可减少刀具的偏移和振动，使得加工精度较高，质量稳定，还可降低对操作工人的技术要求。

（2）缩短辅助时间，提高劳动生产率。采用夹具后，不仅省去划线找正等操作所占用的时间(即辅助时间),简化工件的安装工作,而且还可以采用较先进的夹紧装置,如联动夹紧、气动夹紧、液压夹紧等装置,从而加快夹紧速度;再者,某些夹具装卸工件的工作能在切削过程中进行,使辅助时间与机动时间重合,从而可缩短辅助时间,使单件工时减少,提高劳动生产率。

同时,采用专用夹具后,因支承刚性和稳定性提高,夹紧可靠,就有可能选用较大的切削用量,从而为减少机动时间提供条件,另外,还可以进行多件加工或多刀切削,有利于提高劳动生产率。

(3)改善工人劳动条件。使用夹具安装工件,基本不需再进行找正,零件的加工精度主要靠夹具保证,基本上不取决于工人的技术水平,所以工人操作方便。

夹具中对工件的夹紧可采用增力机构或机动夹紧,使操作省力,从而可减轻工人的劳动强度。专用夹具设计中,还可根据具体情况,事先采取措施,保证操作安全。

(4)扩大机床工艺范围。在产品更新快、批量小、种类多的条件下,工厂的机床设备往往不能适应生产需要,设计使用专用夹具则是解决这一矛盾的有效途径。例如利用通用机床加工型面时,可设计制造专用的靠模夹具以扩大机床的使用范围,从而解决困难的工艺问题。在设备不足的情况下,还可以采用专用夹具来改变机床用途,达到"一机多能"。

尽管夹具结构形式多种多样,但是从不同的夹具结构中仍能发现它们的共性,即各式夹具都是由几个起着主要作用的部分组成的。一般夹具可分为如下几部分。

(1)定位元件或定位装置。定位元件的作用是确定工件在夹具中的位置,通过它保证加工时工件相对刀具和机床能获得正确位置。图 12-1 中工件安装在钻床夹具的定位心轴和定位销上,得到正确位置,定位心轴和定位销都是定位元件。

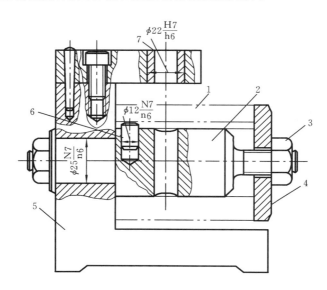

图 12-1　固定式钻床夹具

1—工件;2—定位心轴;3—螺母;4—开口垫圈;5—夹具体;6—定位销;7—钻套

(2)夹紧装置。夹紧装置的作用是将工件压紧夹牢在定位装置上,在加工过程中,保证工件已确定的位置不会因切削或振动等外力作用而发生变化。在图 12-1 中螺母和开口垫圈可以把工件夹紧在夹具上,以保证工件在加工过程中不产生位移。

（3）夹具体。夹具体是夹具的基础件,用于将夹具的各组成元件及装置连成一个整体,并且通过它与机床有关部位连接,以确定夹具相对于机床的位置。在图 12-1 中,夹具体是组成夹具的基础件,并将上述各元件、装置连成一个整体。

（4）对刀导向元件。它们的作用是确定夹具相对于刀具的正确位置并引导刀具进行加工。图 12-1 中的钻套用来引导钻头到正确位置上钻孔,同时保证在钻孔中钻头不歪斜,增加其稳定性,以提高加工精度。

（5）其他元件及装置。包括定位键、连接件、操作件、配重、支脚及根据夹具特殊功用设置的一些装置,如分度装置等。

显然,并不是所有夹具均由上述五部分组成。夹具的组成要由生产类型、生产条件、工序特点等具体情况而定,但一般来说,定位元件、夹紧装置和夹具体是所有夹具共有的基本组成部分。引导元件或其他辅助装置,要根据夹具的作用和要求而定。

三、任务准备

（一）工件在夹具中的定位

在加工前,首先使工件在机床上相对刀具占有正确的加工位置,这就是定位。工件在夹具中的定位,是指工件在夹具中占有正确的加工位置,其目的就是使同一批被加工的工件在夹具中占有一致的、正确的加工位置。

1. 六点定位原则

在空间直角坐标系中,任何物体都可能沿三个坐标轴移动和绕这三个坐标轴转动,如图 12-2 所示。通常把这种运动的可能性称为自由度。习惯上,用 $\vec{x}$、$\vec{y}$、$\vec{z}$ 分别表示物体沿 x 轴、y 轴和 z 轴的移动自由度,用 $\hat{x}$、$\hat{y}$、$\hat{z}$ 分别表示物体绕 x、y、z 轴的转动自由度。也就是说,如果不加任何限制、约束,一个物体在空间中具有六个自由度。因此,要使物体在空间占有确定的位置,就必须约束、限制这六个自由度。通常在夹具定位时,对物体某个自由度的约束和限制被抽象地认为是对物体施加一个定位支承点。

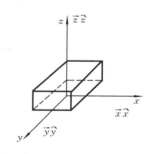

图 12-2　工件的六个自由度

用适当分布的六个定位支承点,限制工件的六个自由度,使工件在夹具中的位置完全确定,这就是夹具的"六点定位原则",简称"六点定则"。

2. 定位支承点的分布

为了使工件在夹具中的位置完全确定,六个定位支承点应根据工件形状和加工要求合理分布。

（1）长方体工件定位。如图 12-3 所示,在长方体工件上加工不通槽,为保证加工尺寸 $A\pm\Delta a$,需限制工件的自由度 $\vec{z}$;为保证 $B\pm\Delta b$,需限制自由度 $\vec{x}$;为保证 $C\pm\Delta c$,则还需限制

自由度 $\vec{y}$；为保证槽与侧面平行，应限制工件的自由度 $\hat{z}$；为保证槽与底面平行，应限制自由度 $\hat{x}$、$\hat{y}$。

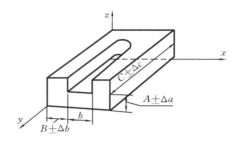

图 12-3　长方体工件加工要求简图

对于上述长方体工件，要满足加工要求应限制六个自由度，其支承点的分布如图 12-4 (a)所示。在工件的底面均匀地布置三个支承点，可限制工件的 $\vec{z}$、$\hat{x}$、$\hat{y}$ 三个自由度，该平面称为主要定位基准面。三个定位支承点应处于同一水平面内，且相互距离尽可能远。三个支承点连接所组成的三角形面积越大，工件安放越稳，也越容易保证其各表面间的位置精度。同时主要定位基准面通常要承受较大的外力（如夹紧力、切削力等），所以往往选工件上最大表面作为主要定位基准面。主要定位基准面的三个支承点一定不能处在同一直线上，图 12-4(b)所示是错误的。

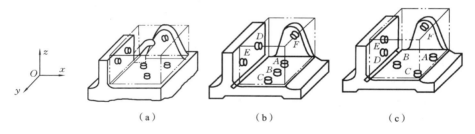

图 12-4　长方体工件定位支承点分布
(a) 正确；(b)(c) 错误

如图 12-4(a)所示，在工件的左侧面上布置两个支承点（这两点的连线不能与主要定位基准面垂直），可限制工件的 $\hat{x}$、$\vec{z}$ 两个自由度，该面称为导向定位基准面。要求两支承点距离要远些，以便导向正确。不允许出现图 12-4(c)所示情况，这样布置时工件的左侧面不起导向作用。一般选工件上狭长表面为导向定位基准面。

如图 12-4(a)所示，在工件的后面上布置一个支承点，可限制工件的自由度 $\vec{y}$，该面称为止推定位基准面。一般选工件上最狭小的表面作为止推定位基准面。

（2）轴类零件定位。在轴类零件上铣键槽，其定位如图 12-5 所示。

加工时应按图 12-6 所示布置六个支承点。在圆柱面上布置四个支承点，可限制工件的 $\hat{x}$、$\vec{z}$、$\hat{x}$、$\hat{z}$ 四个自由度，以保证键槽和轴线平行度、键槽对轴线的对称度及深度 $A\pm\Delta a$ 的要求；在键槽上布置一个支承点，限制工件的自由度 $\hat{y}$，以保证其与已加工键槽的相互位置要求；在端面上布置一个支承点，限制工件的自由度 $\vec{y}$，以保证键槽长度 $L\pm\Delta l$ 要求。

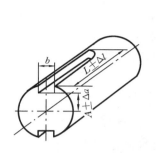

图 12-5　轴类零件加工要求

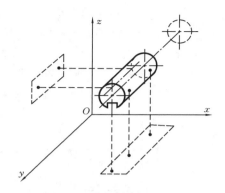

图 12-6　轴类零件定位支承点分布

圆柱面上所布置的四个支承点称为双导向支承,端面上的一个支承点称为止推支承,键槽内的支承点称为防转支承。

(3) 盘类工件定位。图 12-7 为在盘类零件上铣槽Ⅱ的加工要求示意图。槽Ⅱ除了有尺寸 $L\pm\Delta l$ 要求外,应与轴线平行、对称,与下面槽Ⅰ相隔 180°。

图 12-8 所示为铣槽Ⅱ时该盘类零件定位支承点分布情况。为了保证槽底与孔中心线平行,且长度 $L\pm\Delta l$ 准确,在端面上布置三个支承点,限制 $\vec{x}$、$\hat{y}$、$\hat{z}$ 三个自由度;为保证槽深 $A\pm\Delta a$ 和对孔中心线的对称度,在孔表面布置两个支承点,限制 $\vec{y}$、$\vec{z}$ 两个自由度;为保证槽Ⅱ对槽Ⅰ的位置正确,在槽Ⅰ内布置一个支承点,限制工件的自由度 $\hat{x}$。

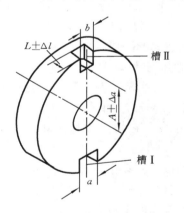

图 12-7　盘类零件加工要求

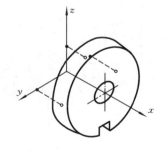

图 12-8　盘类零件定位支承点分布

3. 定位方法和定位元件

工件在定位时与定位元件接触的表面称为定位基准。工件在夹具中定位,实际上就是确定工件上定位基准的位置。所以,定位方法和定位元件的选用主要取决于定位基准的形状、尺寸和精度要求,据此选择定位元件的结构,确定支承点数目和布置方案,同时保证工件稳定可靠和定位误差最小。

(1) 工件以平面定位。如图 12-3 所示的长方体工件在实际的夹具中定位时,常以支承钉或支承板等来充当理论上的定位支承点,如图 12-4(a)所示。支承钉和支承板统称为支承件,它们又分为基本支承和辅助支承两类。前者是用来限制工件自由度的,具有独立定位作用;后者则是用来加强工件的安装刚度的,不起定位作用。

（2）工件以外圆柱面定位。图 12-5 所示的轴类零件在夹具中的定位如图 12-9 所示,以两个短 V 形块代替在圆柱面上所布置的四个支承点,限制工件 $\vec{x}$、$\vec{z}$、$\widehat{x}$、$\widehat{z}$ 四个自由度,在端面以一个支承钉限制工件自由度 $\vec{y}$,键槽内定位销限制工件自由度 $\widehat{y}$。

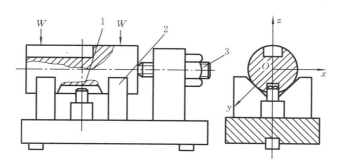

图 12-9　轴类零件定位元件

1—防转定位销;2—短 V 形块;3—定位螺钉

工件以外圆柱面作为定位基准时,主要需保证其轴线在夹具中具有确定位置。实际夹具中常用 V 形块作为定位元件。

V 形块是由两个定位平面形成对称夹角 α 的一种定位元件,有较高的对中性。α 角的大小有 60°、90°和 120°三种。长 V 形块限制四个自由度,短 V 形块限制两个自由度。

工件以外圆柱面作为定位基准时,也可采用定位套筒、定位环作为定位元件。定位孔较长,可限制四个自由度;定位孔短,则限制两个自由度。

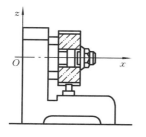

图 12-10　带孔盘类零件定位

（3）工件以圆柱孔定位。图 12-7 所示的盘类零件定位时所用夹具如图 12-10 所示。圆柱孔中采用短圆柱定位销,可限制两个自由度（$\vec{y}$、$\vec{z}$）;端面采用平面作为定位元件,限制三个自由度（$\vec{x}$、$\widehat{y}$、$\widehat{z}$）;在槽 I 中加防转定位销,限制一个自由度（$\widehat{x}$）。

由此可知,工件以圆柱孔作为定位基准时,必须使孔的中心线与夹具上有关定位元件的轴线重合（同轴）。工件以圆柱孔作为定位基准时,常用的定位元件有定位心轴和定位销。

（4）工件以圆锥孔定位。如果工件以圆锥孔为定位基准,则定位元件采用圆锥心轴、圆锥销及顶尖等。

4. 完全定位和不完全定位

工件的六个自由度全部被限制,使工件在夹具中占有完全确定的唯一位置时,称为完全定位。如图 12-9 和图 12-10 所示的工件定位都属于完全定位。

但是,并非所有情况下都必须使工件实现完全定位。如图 12-11 所示的圆盘工件,装入钻模夹具中钻孔 A 时,只要孔 A 中心落在以 R 为半径的圆周上即可,而不限制在圆周上哪个位置,因此,不限制工件自由度 $\widehat{z}$ 也能保证加工要求。这种没有完全限制工件六个自由度的定位,称为不完全定位。

又如,前面图 12-3 所示工件,如果槽为通槽,则定位时只需限制五个自由度即可满足要求。所以,工件在定位时应该被限制的自由度数完全由工件在该工序的加工要求决定。

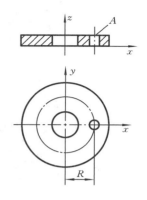

必须指出,实际设置的支承点数不得少于所需限制的自由度数。因为支承点数少于所需限制的自由度数会造成应该限制的自由度未被限制,这种情况称为欠定位。欠定位不能保证工件在夹具中占据正确位置,也就无法保证工件能达到所规定的加工要求,所以是不允许的。

在设计定位方案时,有时考虑到工件安装方便和承受切削力等因素,实际的支承点数可以多于理论分析所需限制的自由度数,但各支承点不应重复限制同一自由度,否则会造成重复

图 12-11　不完全定位工件

定位或称超定位、过定位。重复定位易造成工件定位不稳定,使工件的定位精度受到影响,或者使工件或定位元件在工件夹紧后产生变形。

在一般情况下,工件定位时所限制的自由度数越多,夹具的结构就越复杂,所以在保证加工要求的前提下,限制的自由度数尽量少。但是为了使定位稳定,对于任何工件和任何加工方式,实际限制的自由度数不得少于三个。

(二)工件在夹具中的夹紧

工件在定位以后,由于在加工过程中还要受到切削力、离心力、惯性力以及其自重的作用,工件会产生位移或振动,从而破坏定位。因此,夹具中都有夹紧装置,以产生适当的夹紧力把工件夹紧,使工件在加工过程中始终固定在定位元件上。

1. 对夹紧装置的基本要求

(1)首先要保证加工精度,即夹紧时不能破坏工件的准确定位,并使工件在加工过程中产生的振动和变形最小。

(2)夹紧作用要准确、安全、可靠。夹紧装置要有自锁作用,即原始作用力去除后,工件仍能保持被夹紧状态,不会松开。

(3)夹紧动作迅速,操作方便省力。

(4)结构简单、紧凑,并有足够的刚度。

2. 基本夹紧机构

夹紧机构种类很多,其中以楔块、螺旋、偏心及由它们组合而成的夹紧机构应用最为普遍。

(1)楔块夹紧机构。楔块夹紧机构是利用楔的斜面将楔的推力转变为夹紧力,从而将工件夹紧的一种机构。

图 12-12 所示为楔块夹紧机构示意图。当楔块左移时,工件被夹紧;楔块右移,则松开工件。这种机构适用于工件表面粗糙的场合。

(2)螺旋夹紧机构。它是利用螺杆旋进夹紧工件的,结构简单、夹紧可靠、应用广泛。缺点是夹紧和松开工件费时费力。

图 12-13 所示为单螺旋夹紧机构。旋转螺杆,则压块将工件夹紧。压块与螺杆可相对转动,避免螺杆转动时压块与工件相对转动,划伤工件表面。

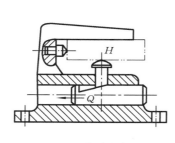

图 12-12　楔块夹紧机构

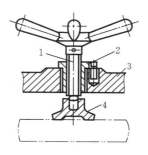

图 12-13　单螺旋夹紧机构

1—旋转螺杆;2—螺钉;3—夹具体;4—压块

(3)偏心夹紧机构。这是用偏心件来实现夹紧的一种机构。图 12-14 所示为一种常见的偏心夹紧机构。偏心轮的转动中心 O_1 与几何中心 O_2 不重合,当向下扳转手柄时,偏心轮旋转中心 O_1 至被压支承点 A 之间的距离增大,向上抬起杠杆而压紧工件。

(4)螺旋压板夹紧机构。螺旋压板夹紧机构的结构如图 12-15 所示。

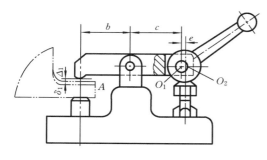

图 12-14　偏心夹紧机构

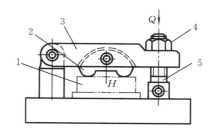

图 12-15　螺旋压板夹紧机构

1—工件;2—浮动压块;3—压板;4—螺母;5—螺杆

为保证装卸工件方便,压板、螺杆和支座之间都采用铰链连接。松开螺母后,螺杆可绕铰链轴转动 90°而处于水平位置。此时可将压板连同浮动压块一起绕铰链翻开,取出工件。反之,可压紧工件。采用浮动压块的目的在于保证压板与工件之间能良好接触。

四、任务实施

(一)钻床夹具特点

在各类钻床和组合机床上进行钻孔、扩孔、铰孔时,所使用的夹具统称为钻床夹具(或钻模)。钻床夹具的特点是这类夹具上都装有钻套,通过钻套引导刀具可以保证孔系的坐标位置,防止钻头在切入时发生偏斜,从而保证被加工孔的位置精度、尺寸精度并降低孔的表面粗糙度,同时缩短工时,提高生产率。

（二）常用钻床夹具

1. 固定式钻床夹具

图 12-16 所示为一种钻斜孔用的固定式钻床夹具。使用这种钻床夹具时，应将其固定
在钻床工作台上。因此，它具有在钻床工作台上定位用的凸缘或凸块。工件以底面和两个
已加工内孔为定位基准，夹具则是以倾斜的支承板、圆柱定位销和防转销为定位元件。为了
便于工件快速装卸，采用快速夹紧螺母夹紧工件。为了保证钻头能在斜面上顺利起钻和得
到正确引导，采用了下端伸长且和斜面相对的特殊快换钻套。

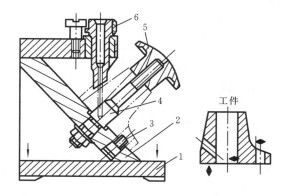 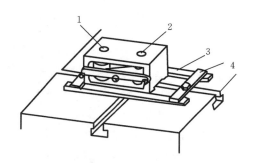

图 12-16　固定式钻床夹具　　　　　　　　图 12-17　移动式钻床夹具

1—底座；2—支承板；3—防转销；　　　　　1—孔 1；2—孔 2；3—导板；4—定位板

4—圆柱定位销；5—夹紧螺母；6—钻套

固定式钻床夹具用在立式钻床上时，一般只能用于加工单孔。用在摇臂钻床上时，则常
用于加工与钻削方向平行的孔系。

在立式钻床上安装固定式钻床夹具时，应将夹持在钻床主轴孔中的标准验棒（要求不高
时也可用钻头代替）伸入钻套中，以校正夹具在工作台上的正确位置。待验棒在钻套中进出
非常顺利后，方可将夹具固定。

2. 移动式钻床夹具

图 12-17 所示为移动式钻床夹具，这类夹具用来在单轴立式钻床上钻削同一表面上的
多孔。夹具可在两导板中移动，当移至右端靠紧定位板时钻孔 1，移至左端定位板时钻孔 2。
这样既可缩短钻头对准钻套的时间，同时导板还能承受钻孔时的扭转力矩。

此外，还有翻转式钻床夹具、翻开式钻床夹具、盖板式钻床夹具、回转式钻床夹具、滑柱
式钻床夹具等。

（三）钻套的种类及应用

钻套是钻床夹具的特有元件，装在钻模板或夹具体上使用，按其结构和使用情况分为固
定钻套、可换钻套、快换钻套和特殊钻套等四种。

1. 固定钻套

固定钻套直接压装在钻模板的相应孔中。因此，固定钻套在磨损后不能更换再用。固

定钻套有两种结构，如图 12-18 所示。其中图 12-18(a)所示为无肩钻套，图 12-18(b)所示为有肩钻套。有肩钻套主要用于钻模板较薄时，用以增大钻套的导引长度。

固定钻套主要用于小批生产条件下单纯用钻头钻孔的工序。

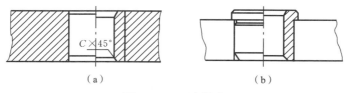

图 12-18　固定钻套

(a) 无肩钻套；(b) 有肩钻套

2. 可换钻套

图 12-19 所示为可换钻套，钻套与模板之间的配合为过盈量很小的过渡配合。凸缘上铣有台肩，螺钉的台阶形头部可压紧在台肩上，以防止钻孔时可换钻套转动，或退刀时随钻头抬起。钻套磨损后，拧去螺钉便可更换钻套。

可换钻套应用于单一钻孔工序。

3. 快换钻套

当加工的孔需要依次进行钻、扩、铰多种工步时，由于刀具直径尺寸逐渐增大，需要使用外径相同而内径不同的钻套来引导刀具，这时需要快换钻套。

图 12-20 所示为快换钻套，它除在凸缘上铣有台肩以供钻套螺钉压紧钻套外，同时还铣出一个削边平面。当削边平面转至与螺钉相对时，便可向上快速取出钻套，达到快换的目的。为了防止钻模板被磨损，钻套上配有衬套。

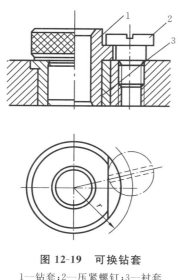

图 12-19　可换钻套

1—钻套；2—压紧螺钉；3—衬套

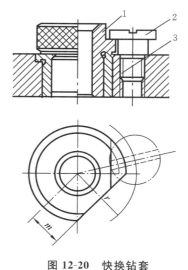

图 12-20　快换钻套

1—钻套；2—压紧螺钉；3—衬套

4. 特殊钻套

在特殊场合下加工孔时应使用特殊钻套。图 12-21 所示为几种特殊钻套的结构。图

12-21(a)所示的是用于在斜面上钻孔的特殊钻套,可防止钻头切入时偏斜或折断。图 12-21(b)所示的为加长钻套,用于加工在钻模板下面不便靠近的表面,如在深坑内钻孔。加长后使下端尽量靠近加工部位,可防止钻头偏斜。钻套上部直径较大,是为了减小引导部分长度,减少钻头磨损和防止钻头过热。图 12-21(c)所示的则为两孔钻套,因两孔孔距太近,为便于制造,在一个钻套体上加工出两个导向孔来进行钻孔。

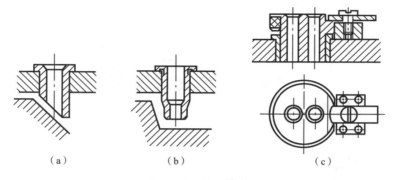

（a） （b） （c）

图 12-21 特殊钻套

（a）在斜面上钻孔的钻套;（b）加长钻套;（c）两孔钻套

学习情境十三　装配和维修知识

任务一　装配基本知识

一、任务目标

（1）了解装配的工艺、方法。
（2）掌握装配的操作技能。

二、背景知识

（一）装配工艺过程

按规定的技术要求将零件或部件进行配合和连接，使之成为半成品或成品的工艺过程称为装配。

装配工作是产品制造工艺过程中的最后一道工序，装配工作的好坏对产品的质量起着决定性的作用。相配零件之间的配合精度不符合要求，相对位置不准确，有时会影响机器的工作性能，严重时会使机器无法工作。在装配过程中，不重视清洁工作、粗心大意和不按工艺要求装配，也不可能装配出好的产品。而装配质量差，会使机器精度低、性能差、功耗大、寿命短，将造成很大的损失。相反，虽然某些零件的精度并不很高，但经过仔细的修配、精确的调整后，仍可能装配出性能良好的产品来。装配是一项十分重要而细致的工作，必须认真去做。

产品的装配工艺过程由以下四部分组成。

1. 装配前的准备工作

它包括：① 研究和熟悉装配图，了解产品的结构、零件的作用以及零件之间的相互连接关系；② 确定装配的方法、顺序，准备所需的工具；③ 对零件进行清理和清洗；④ 有时要对某些零件进行修配、密封性试验或平衡工作等。

2. 装配工作

装配工作通常分为部装和总装。

（1）部装：把零件装配成部件（若干零件结合为机器的一部分即称为部件）的过程称为部装。

（2）总装：把零件和部件装配成最终产品的过程称为总装。有些大型机器的总装常在其工作现场进行。

3．调整、精度检验和试车

调整是指调节零件或机构的相对位置、配合间隙和结合松紧等，如轴承间隙、齿轮啮合的相对位置和摩擦离合器松紧的调整。精度检验包括工作精度检验和几何精度检验（有的机器则不需要做这项工作）。试车是机器装配后，按设计要求进行的运转试验，包括运转灵活性、工作时温升、密封性、转速、功率、振动和噪声等。

4．油漆、涂油和装箱

这是装配的最后一部分工作。

（二）装配方法

为了使相配零件得到要求的配合精度，按不同情况可采用以下四种装配方法之一。

1．互换装配法

在装配时各配合零件不经修配、选择或调整即可达到装配精度的方法，称为互换装配法。互换装配法的特点是：① 装配简单，生产率高；② 便于组织流水作业；③ 维修时更换零件方便。

但这种方法对零件的加工精度要求较高，制造费用将随之增大。因此仅在配合精度要求不是太高和产品批量较大时采用。

2．分组装配法

在成批或大量生产中，将产品各配合副的零件按实测尺寸分组，装配时按组进行互换装配以达到装配精度的方法，称为分组装配法。分组装配法的特点是：① 经分组后再装配，提高了装配精度；② 零件的制造公差可适当放大，降低了成本；③ 要增加零件的测量分组工作，并需加强管理。

3．调整装配法

在装配时通过改变产品中可调整零件的相对位置或选用合适的调整件来达到装配精度的方法，称为调整装配法。图 13-1 所示的是用垫片来调整轴向配合间隙的方法。调整装配法的特点是：① 零件不需任何修配即能达到很高的装配精度；② 可进行定期调整，故容易恢复精度，这对容易磨损或因温度变化而需改变尺寸位置的结构是很有利的；③ 调整件容易降低配合副的连接刚度和位置精度，在装配时必须十分注意。

4．修配装配法

在装配时修去指定零件上的预留修配量，以达到装配精度的方法，称为修配装配法。图 13-2 所示的是通过修刮尾座底板调整尺寸 A_2 的预留量，使前后两顶尖中心线达到规定的等高度（即允差为 $A_\triangle$）的方法。修配装配法的特点是：① 零件的加工精度可大大降低，无须采用高精度的加工设备，而又能得到很高的装配精度；② 使装配工作复杂化，故仅适用于单件生产、小批生产。

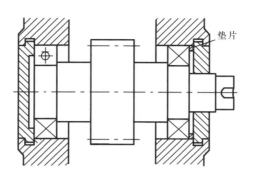

图 13-1　调整装配法

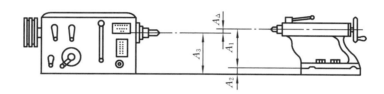

图 13-2　修配装配法

三、任务实施

要保证产品的装配质量，主要是应按照规定的装配技术要求去执行。不同的产品，其装配技术要求虽不尽相同，但在装配过程中有许多工作要点是必须共同遵守的，其中主要包括以下几项。

1. 做好零件的清理和清洗工作

清理工作包括去除残留的型砂、铁锈、切屑等，对于孔、槽、沟及其他容易存留杂物的地方，尤其应仔细进行。零件加工后的去毛刺、倒角工作应保证做得完善，但要防止因动作粗糙而损伤其他表面或影响精度。

零件的清洗工作一般都是不可缺少的，其清洁的程度可视相配表面的精密性要求有所差别，例如对于轴承、液压元件和密封件等精密零件的清洁程度，要求应十分严格。特别要引起注意的是：对于已经仔细清洗过的零件，装配时随意拿纱布再去擦几下，这反而是一种不清洁的做法。

2. 相配表面在配合或连接前，一般都需加油润滑

在配合或连接之后再加油润滑，往往不方便和造成润滑不全面，导致机器在启动阶段因不能及时供油而加剧磨损。对于过盈连接件，如配合表面缺乏润滑，则当敲入或压合时更易发生拉毛现象。当活动连接的配合表面缺少润滑时，即使配合间隙准确，也常常发生卡滞而影响正常的活动性能，导致配合被误认为不符合要求。

3. 相配零件的配合尺寸要准确

装配时,对于某些较重要的配合尺寸进行复验或抽验,这常常是很有必要的,尤其是当需要知道实际的配合间隙或过盈时。采用过盈配合的连接件一般都不宜在装配后再拆下重装,所以对实际过盈量的准确性更要十分重视。

4. 做到边装配边检查

当所装配的产品较复杂时,每装配完一部分就应检查一下是否符合要求,而不要等大部分或全部零部件装配完后再检查,此时发现问题往往为时已晚,有的甚至不易查出问题产生的原因。

在对螺纹连接件进行紧固的过程中,还应注意对其他有关零部件的影响,即随着螺纹连接件的逐渐拧紧,有关的零部件位置也可能有所变动。此时要防止发生卡滞、碰撞等情况,以免产生附加应力而使零部件变形或损坏。

5. 试车时的事前检查和启动过程中的监视

试车意味着机器将开始运动并经受负载的考验,不能盲目从事,因为这是最有可能出现问题的阶段。试车前,做一次全面的检查是很有必要的,例如检查装配工作的完整性、各连接部分的准确性和可靠性、活动件运动的灵活性、润滑系统是否正常等。在确保都准确无误和安全的条件下,方可开车运转。

当机器开始启动后,应立即全面观察一些主要工作参数和各运动件的运动是否正常。主要工作参数包括润滑油压力和温度、振动和噪声、机器有关部位的温度等。只有当启动阶段各运行指标均正常稳定时,才有条件进行下一阶段的试车工作。而启动一次成功的关键在于装配全过程的严密和认真。

任务二 维修基本知识

一、目标任务

(1) 了解维修的工艺过程和维修方法。
(2) 掌握维修的操作技能。

二、背景知识

(一) 维修工艺过程

机械设备修理的工艺过程包括以下四个方面。

1. 修理前的准备工作

它主要包括:① 调查和分析设备的损坏情况,并听取操作人员对设备修理的要求;对于某些原因尚未清楚的故障，必须深入研究并制订出解决措施；② 熟悉有关的技术资料，查阅设备说明书和历次修理记录，对设备的工作原理、结构和性能都必须详细了解，并掌握修理的检验标准和各项技术要求；③ 准备必要的工具。

2. 设备的拆卸

机械设备的种类和结构尽管不同，但都是由若干零部件按一定的顺序装配起来的，修理时的拆卸工作实质上就是把它们有条理地分解出来，并且不造成零部件不该发生的损坏和不丧失设备的原有精度。

3. 零部件的修理和更换

将已拆下的零部件清洗干净后，要逐步进行仔细检查，查明磨损程度、磨损性质，并确定应当修理还是更换。

4. 装配、调整和试车

当零部件的修理或更换全部结束后，就可进行部装和总装工作，并进行调整、试车，直至设备达到运行指标。

（二）设备磨损的基本概念

机械设备磨损可分事故磨损和自然磨损两类。事故磨损大多是人为造成的，包括设计、制造上存在问题，也包括使用维护不当而引起的磨损。自然磨损是在正常使用条件下，由于摩擦和化学等因素的长期作用而逐渐产生的磨损，它虽然不可避免，但磨损的快慢取决于各种因素的影响程度，因此与制造、装配、修理和使用维护等工作的好坏也有密切的关系。

自然磨损产生的原因主要有以下几种。

1. 由摩擦引起的磨损

两个活动表面相对运动时，表面上的凸峰互相挤压和剪切，使表层金属逐渐形成微粒剥落而磨损。显然，零件表面越粗糙，则磨损越严重。这种磨损是自然磨损中最主要的一种，此外，下列因素还将加剧因摩擦而引起的磨损。

（1）氧化：空气中的氧气渗入相互摩擦的表层，使金属表面产生一层硬而脆的氧化物，这层氧化物在机械摩擦下会逐渐剥落。

（2）砂粒：由于污物、灰砂或润滑油不清洁，摩擦表面之间带有砂粒，起到研磨剂作用而加剧磨损。

（3）疲劳：零件在交变载荷作用下，产生交变应力而使金属逐渐疲劳，在表面产生微小裂纹，而后慢慢造成剥落。

（4）振动：旋转零件的残余不平衡等因素使机器产生振动，两个接触表面在振动冲击作用下增加了摩擦表面间的摩擦力，而且使两固定接合面之间产生松动和滑移，这些因素都将加剧表面的磨损。

2. 由腐蚀引起的磨损

零件表面受化学物质、水和煤气等侵蚀时，金属将被腐蚀而损坏。当表面受机械摩擦作用时，磨损更快。

3. 由高温引起的磨损

零件在长期的高温状态下工作,金属的晶粒增大,并被氧化而变得脆弱,以致逐渐磨损。

（三）机械设备维修的形式

机械设备维修的形式应根据磨损的程度而定。除了事故磨损以外,自然磨损的设备一般都采取定期的计划维修,其形式有大修、中修、小修、项修和二级保养等。设备的性质和任务不同时,采用的维修形式也有所差异。无论采用上述哪种形式,大都是在普遍开展一级保养的基础上进行的。

目前,对于一些需要长期连续运行的高速机械,为了提高设备的利用率,正在开展研究日常监测和故障预报的工作,这样既可及时发现并排除故障,又可防止故障扩大或酿成重大事故;另一方面,当设备处于完好运行状态时,可放心地让它继续工作下去,延长大修周期,从而提高经济效益。

1. 大修

大修是在设备运行相当长的一段时间后,需要进行的周期性的彻底检查和恢复性的修理。修理时应拆卸所有的零部件,并进行清洗和检查,全面修理或更换磨损零件,使所有的零部件都达到一定的精度标准,对部件和设备进行调整和试车,包括对电气设备进行全面的检查、整理和修复。通过大修应消除设备所存在的故障,基本上恢复设备原有的精度和性能。

2. 中修

中修是设备在两次大修期间有计划地安排的修理工作。其目的在于消除各部件或机构之间的不平衡状态,或对某一损坏部件进行修理,以保证设备在大修间隔期内的工作性能。

3. 小修

小修是对设备的维护性修理,包括检查润滑系统和更换润滑油等。其目的是消除设备中局部零件的磨损,以维持设备的正常运行。有时也可通过小修对设备进行预检,以便及时考虑备件配件,为中修、大修做好准备。

4. 项修

项修是对设备实行部分修理,只针对存在的主要故障,用较短的时间进行修理而使设备保持完好状态。项修主要适用于修理工作量大和生产任务重的某些精密、大型和高速机械设备。

5. 二级保养

这是以修理工人为主、操作工人为辅进行的维护保养工作,包括清洗设备,修理或更换严重的磨损件,以满足正常运行的要求。

三、任务实施

维修工作的要点和操作步骤如下。

（1）熟悉机械设备的构造特点和技术要求。

（2）拆卸时应遵守以下基本原则。① 拆卸顺序与装配的顺序相反。一般应先拆外部、后拆内部；先拆上部，后拆下部。② 拆卸时要防止损伤零件，选用的工具要适当，严禁用硬手锤直接敲击零件。③ 拆下的零部件应有次序地安放，一般不应直接放在地上，以免碰坏；对精密零件要特别加以保护和防止变形。④ 相配零件之间的相互位置关系有特殊要求的，应做好标记或认清原有的记号。⑤ 不需要拆开检查和修理的部件，不应拆散。

（3）修复或更换零件时应参照以下基本原则。① 相配合的主要件和次要件磨损后，一般修复主要件，更换次要件（例如车床丝杠与螺母磨损后，应修复丝杠，更换螺母）。② 工序长的零件与工序短的零件配合运转磨损后，一般是修复工序长的零件，更换工序短的零件。③ 大零件与小零件相配合表面磨损后，一般是修复大零件，更换小零件。

（4）修理后进行部装和总装时，应掌握装配工作的各个要点。

附录 A 金属材料及热处理

在生产中要用各种工具来加工零件,这些工具和零件是用什么金属材料制造的,它们的性能如何,用什么热处理方法可以改变材料的性能,使其便于加工和满足技术要求,这些都是必须掌握的基本知识。

一、金属材料的力学性能

金属材料在外力作用下所表现出来的性能称为金属材料的力学性能。

(一)强度

材料在外力作用下抵抗变形和破坏的能力称为强度。抵抗外力的能力越大,强度就越高。强度的单位是帕(Pa)。按照作用力性质的不同,可分为抗拉强度、抗压强度和抗弯强度等。

(二)弹性和塑性

材料在外力作用下会产生变形。如果外力去除后变形全部消失,这种变形称为弹性变形,材料的这种性质称为弹性。如果外力去除后变形仍保留下来,这种变形称为塑性变形或永久变形,材料的这种性质称为塑性。产生的塑性变形程度越大的材料,塑性越好。塑性的大小可用伸长率表示,它是材料受拉力作用断裂时,伸长的长度与原有长度的百分比。

(三)硬度

材料抵抗硬物压入的能力称为硬度。生产上常用来描述材料硬度的指标有两种。对硬度不高(布氏硬度在 650 以下)的材料多用布氏硬度(符号 HB)表示,单位兆帕(MPa),一般用 HBW 表示,如 550 HBW。对硬度较高的材料多用洛氏硬度(符号 HRC)表示,洛氏硬度没有单位,直接用数值表示,如 42 HRC。数值越大,材料越硬。

(四)冲击韧度

材料在冲击力作用下抵抗破坏的能力称为冲击韧度。抵抗冲击力能力越大的材料,韧度越高。

二、常用金属材料

生产中常用的金属材料有钢铁和非铁金属材料两大类。钢铁材料包括钢和铸铁。钢铁材料以外的其他金属材料都属于非铁金属材料。钢和铸铁都是铁碳合金。铸铁的碳含量[①]在2.11%及以上，钢的碳含量在2.11%以下。钢的种类很多，按化学成分分，有非合金钢、低合金钢和合金钢；按碳含量分，有低碳钢、中碳钢和高碳钢；按钢中有害杂质硫、磷的含量多少分，有普通钢、优质钢和特殊质量钢；按钢的用途分，有结构钢、工具钢和特殊性能钢等。

（一）结构钢

结构钢用来制造建筑结构件及机器零件，是应用最广泛的钢种，分为三类。

1. 普通碳素结构钢

普通碳素结构钢内含有较多硫、磷等杂质，用于制造不太重要的机器零件。

普通碳素钢的牌号是由代表屈服点的"屈"字的汉语拼音首位字母"Q"，屈服强度（数值），质量等级符号A、B、C、D，脱氧方法等的符号组成。脱氧方法符号用其名称的首位字母表示，F表示沸腾钢，b表示半镇静钢，Z表示镇静钢，TZ表示特殊镇静钢，Z和TZ符号可以省略。例如，Q235—A·F表示碳素结构钢，屈服强度为235 MPa，A级沸腾钢。

2. 优质碳素结构钢

与普通碳素结构钢相比，优质碳素结构钢质量较优，规定有严格的化学成分，钢中的有害杂质含量较低，故多用来制造重要的机器零件。

优质碳素结构钢的钢号用两位数字表示，这两位数字表示钢中平均碳含量的万分数。如45钢，其平均碳含量是万分之四十五，即0.45%。

① 08、10、15、20、25钢是低碳钢，塑性、韧性和焊接性能好，易于冲压加工，但强度低，多用来制造受力不大的零件，如螺钉、小轴、拉杆、容器、冲压件和焊接构件等。其中15、20和25钢经过渗碳热处理后，可制成能承受冲击力作用的耐磨小零件，如小轴、齿轮等。

② 30、40、45、50钢是中碳钢，强度、硬度、塑性和韧性都较好，广泛用于制造较重要的机器零件，如轴、丝杠、齿轮、键、销钉、螺钉等。经热处理后，其综合力学性能更好。

③ 55、60、65钢碳含量较高，淬火后有较好的弹性，用来制造弹簧等零件。

3. 合金结构钢

在碳素结构钢中加入一种或数种合金元素，就得到合金结构钢。它具有优良的综合力学性能和良好的热处理工艺性，用来制造各种重要的机器零件及构件。常用的合金结构钢有20Cr、20Mn2、40Cr、40MnB等。

（二）工具钢

工具钢用来制造各种刀具、量具和模具。工具钢具有高的强度、硬度和良好的耐磨性；

---

① 如无特殊说明，物质的含量（如碳含量、硅含量等）均指质量分数。

对于受冲击力作用的工具,还要求有高韧度。

碳素工具钢的碳含量在 $0.7\%\sim1.3\%$ 之间,主要用来制造錾子、锯条、锉刀、刮刀、手铰刀、手丝锥等手用工具。钢号用"T"表示,数字表示钢中平均碳含量的千分数,如"T10"表示碳含量为 1% 的碳素工具钢。高级优质碳素工具钢中杂质含量更低,在钢号后面加"A"字,如"T10A"。

合金工具钢有更好的耐热性及热处理工艺性,用来制造切削速度较高、形状较复杂等要求较高的工具。常用合金工具钢有 Cr2、9SiCr、9Mn2V、CrWMn 等。

高速钢是含有较多合金元素的工具钢,可耐 $500\sim600$ ℃ 的高温,用来制造切削速度更高的刀具。常用高速钢有 W18Cr4V 和 W6Mo5Cr4V2。

(三) 灰铸铁

铸铁的碳含量一般为 $2.2\%\sim3.8\%$,按照碳在铸铁中存在形式的不同,可分为白口铸铁、灰铸铁和球墨铸铁等。

在灰铸铁中,碳大部分以片状石墨的形式存在,断口呈暗灰色。灰铸铁软而脆、抗拉强度低、不易焊接,但抗压强度高,有良好的铸造性、切削加工性、耐磨性和消振性;价格低廉,因而广泛用来制造机器的机身、底座、壳体、支架等。灰铸铁用"HT"表示,常用的牌号有HT200、HT150 等,后面的数字表示抗拉强度值。

(四) 铜和铜合金

纯铜又称为紫铜,有良好的导电性、导热性和塑性,熔点较高,但强度低,多用来制造导电零件。

铜与锌的合金称为黄铜。除黄铜外常用的铜合金有青铜。黄铜有较好的力学性能和耐腐蚀性,用来制造螺钉、管接头和冲压件等。青铜分为锡青铜和无锡青铜。锡青铜有良好的耐磨性和耐腐蚀性,用来制造轴承、蜗轮等耐磨性要求高的零件。无锡青铜是锡青铜的代用品,价格低廉,而且强度较高。

(五) 铝和铝合金

纯铝有良好的导电性、导热性和塑性,但强度低,主要用来制造导电零件。

在纯铝中加入硅、铜、镁、锰等合金元素,即可制成力学性能较高的铝合金。铝合金可分为铸造铝合金和变形铝合金,后者又可分为硬铝、锻铝和防锈铝等。铝合金广泛用于制造轻质零件。

三、钢的热处理

钢的热处理是将钢在一定的介质中加热 、保温和冷却,以改变其整体或表面组织,从而获得所需性能的加工方法。常用的热处理工艺有以下几种。

(一) 淬火

将钢加热到淬火温度,保温一段时间,然后在水、盐水或油中急速冷却,这个操作过程称为淬火。淬火的目的是提高钢的硬度和强度。但是钢在淬火后性能较脆,同时在急速冷却过程中,由于零件里外温差及组织变化的原因,内部会产生较大的应力。

(二)回火

将淬火后的零件加热到回火温度,保温一段时间,然后在油或空气中冷却,这个操作过程称为回火。回火的目的是消除淬火件中的内应力,减少脆性。回火后,零件的强度、硬度略有降低,但韧度有提高。

(三)退火

将钢加热到退火温度,保温一段时间,然后将其放在炉内或埋入导热差的材料中,使其缓慢冷却,这个操作过程称为退火。退火的目的是消除铸件、锻件、焊接件的内应力和组织的不均匀性,同时细化晶粒、降低材料硬度,以便于切削加工或为淬火准备条件。

(四)正火

将钢加热到正火温度,保温一段时间,然后在空气中冷却,这个操作过程称为正火。正火的目的是细化晶粒,增加钢的强度与韧度,减少内应力,改善低碳钢的切削加工性。正火的加热和保温情况与退火一样,所不同的是冷却速度比退火快,所以正火钢的强度、硬度比退火钢高,塑性比退火钢低,同时由于缩短了冷却时间,故经济性较好。

(五)调质

淬火后进行高温回火,称为调质。调质的目的是提高钢件的强度和韧度,获得良好的综合力学性能。很多重要的轴、丝杠、齿轮等零件常进行调质热处理。

(六)渗碳

将碳原子渗入钢件表面的过程称为渗碳。渗碳的目的是提高低碳钢零件表面的碳含量,随后经过淬火、回火,使零件表面获得高的硬度和耐磨性,而中心仍保持较好的韧度。

四、钢的简易鉴别方法

钢的鉴别方法一般有两种。

(一)涂色鉴别

为便于存放、管理、选用和辨别各种钢材,出厂前一般在钢材上或端面都涂有国家规定的颜色,根据所涂颜色就可知道钢材的种类。表 A-1 为各种钢材的统一涂色标记。

(二)火花鉴别

火花鉴别法是使需鉴别的钢材与高速旋转的砂轮接触,根据产生的火花的形状和颜色,近似地确定钢材的化学成分。

表 A-1　钢材的涂色标记

材料名称	牌号或成分组别	标记颜色	材料名称	牌号或成分组别	标记颜色
普通碳素钢	Q195	白色＋黑色	不锈、耐酸钢		铝宽色条＋窄色条
	Q225	黄色		Cr	铝色＋黑色
	Q235	红色		Cr-Ti	铝色＋黄色
	Q255	黑色		Cr-Mn	铝色＋绿色
	Q275	绿色		Cr-Mo	铝色＋白色
优质碳素结构钢	05 ～ 15	白色		Cr-Ni	铝色＋红色
	20 ～ 25	棕色＋绿色		Cr-Ni-Ti	铝色＋蓝色
	30 ～ 40	白色＋蓝色		Cr-Ni-Nb，Cr-Mo-Ti	铝色＋白色＋黄色
	45 ～ 85	白色＋棕色		Cr-Mn-Ni	铝色＋棕色
	15Mn ～ 40Mn	白色两条	耐热钢		宽色条＋窄色条
	45Mn ～ 70Mn	绿色三条		Cr-Si	红色＋白色
合金结构钢	Mn	黄色＋蓝色		Cr-Mo	红色＋绿色
	Si-Mn	红色＋黑色		Cr-Si-Mo	红色＋蓝色
	Mn-V	蓝色＋绿色		Cr	铝色＋黑色
	Cr	绿色＋黄色		Cr-Mo-V	铝色＋紫色
	Cr-Si	蓝色＋红色		Cr-Ni-Ti	铝色＋蓝色
	Cr-Mn	蓝色＋黑色		Cr-Al-Si	红色＋黑色
	Cr-Mn-Si	红色＋紫色		Cr-Si-Ti	红色＋黄色
	Cr-V	绿色＋黑色		Cr-Si-Mo-Ti	红色＋紫色
	Cr-Mn-Ti	黄色＋黑色		Cr-Si-Mo-V，Cr-Al	红色＋铝色
	Cr-W-V	棕色＋黑色	铬轴承钢	GCr6	绿色一条＋白色一条
	Mo	紫色		GCr15	蓝色一条
	Cr-Mo	绿色 ＋ 紫色		GCr15SiMn	绿色一条＋蓝色一条
	Cr-Mn-Mo	紫色＋白色			
	Cr-Mo-V，Cr-Si-Mo-V	紫色＋棕色	高速工具钢	W12Cr4V4Mo	棕色一条＋黄色一条
	Cr-Al	铝白色		W18Cr4V	棕色一条＋蓝色一条
	Cr-Mo-Al	黄色＋紫色			
	Cr-W-V-Al	黄色＋红色		W9Cr4V2	棕色两条
	B(包括各种含硼的钢)	紫色＋蓝色		W9Cr4V	棕色一条
	Cr-Mo-W-V	紫色＋黑色			
不锈、耐酸钢	Cr-Mo-V	铝色＋红色＋黄色			
	Cr-Ni-Mo-Ti，Cr-Mo-V-Co	铝色＋紫色			

砂轮的磨削作用使屑末脱离试件,沿着砂轮与材料接触点的切线方向高速飞出,并形成光亮的流线。流线中熔融状态的金属颗粒与空气中的氧接触形成氧化膜,氧化膜进而与材料中的碳作用产生一氧化碳气体,待其压力超过金属熔滴的表面张力时,便炸裂而形成火花。根据火花的炸裂情况来鉴定钢的碳含量。一般钢中的碳含量越高,火花越多,火束越短。

对合金钢,由于各种合金元素对火花形状、颜色有不同的影响,因而也可以利用火花鉴别出合金元素的种类及含量,但不像鉴别碳素钢那样容易、准确。

钢在砂轮上磨削,发出的全部火花称为火束。由于部位不同,火束可分为根花、间花和尾花三部分,如图 A-1 所示。

火束的组成有以下几种。

(1) 流线。钢的屑末在空中高速飞过时,发光的轨迹成线条形状,称为流线。

(2) 节点。流线中途炸裂的地方称为节点。

(3) 芒线。节点炸裂射出的线条称为芒线。

(4) 火花。芒线中途又炸裂称为火花。

(5) 花粉。芒线之间点状似花粉分布的亮点称为花粉。

火花炸裂出芒线,芒线又炸出火花,所以芒线分为一次芒线、二次芒线和三次芒线,火花也分为一次花、二次花和三次花,如图 A-2 所示。

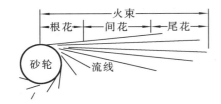

图 A-1　火花各部分的名称

图 A-2　节点、芒线和火花

1—节点;2—芒线;3—流线;4—火花

用火花鉴别法可以很快地、近似地确定钢的化学成分,既方便又经济。这种方法特别适合现场试验。

各种钢材的火花特征如下。

1. 低碳钢的火花

低碳钢的火花如图 A-3 所示,整个火束呈草黄色并间带红色,发光适中,流线稍多而较长,自根部逐渐粗大,尾部下垂呈半弧形。花量不多,火花为四根叉的一次花,呈星形,芒线较粗。

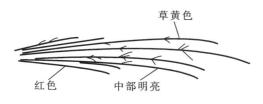

图 A-3　低碳钢火花

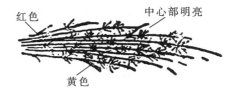

图 A-4　中碳钢火花

2. 中碳钢的火花

中碳钢的火花如图 A-4 所示，整个火束呈黄色，发光明亮。流线多而细长，尾部挺直，尖端有分叉现象。火花为多根分叉二次花，并有节点，芒线清晰，有较多小花和花粉产生，同时出现不完全的二次花，射力较大，火花盛开。

3. 高碳钢的火花

高碳钢的火花如图 A-5 所示，火束呈橙黄色，中心部明亮，流线多而细。火花由基本的星形炸裂变为二次花、多次花。花尖上的小花和花粉更多。火束较中碳钢粗而短，火势很盛且火花美观。

4. 碳素工具钢的火花

碳素工具钢的火花如图 A-6 所示，火束非常粗而短，小碎花极多，花中带粉。光度稍暗，花呈淡赤橙色，碎花极美观。

橙黄色　　　　中心部明亮

图 A-5　高碳钢火花

淡赤橙色

图 A-6　碳素工具钢火花

附录 B 互换性与加工误差

一、互换性的概念

在装配和检修机器时,取同一类型的零件装上或换上,不需要另外加工就能达到规定的技术标准。零件的这种性质称为互换性。

现代化工业生产都是成批量地生产,采用流水作业,每道工序都按规定标准加工,所以生产出的零件具有互换性。这样就节省了装配和检修时间,提高了工作效率。

一批同类型的零件,不经过选择和修理就能装上,并符合技术要求,这类零件就具有完全互换性。具有完全互换性的零件,其精度要求较高,不容易制造。

在装配前经过选择,互相装配的零件按照大小分成几组,孔径大的和轴径大的组合,孔径小的和轴径小的组合。这样在装配时,零件仍可不经另外加工而满足技术要求,称这类零件具有不完全互换性或有限互换。

二、零件的加工误差与公差

影响零件的质量因素包括许多方面,其中两个主要方面是:材料和热处理;机械加工。零件在加工过程中,由于机床精度的限制、刀具磨损和工艺系统热变形等因素的影响,加工后零件的实际几何参数(尺寸、几何形状和相互位置等)对其设计理想值的偏离就是加工误差。加工误差主要有以下几类。

(1)尺寸误差,指零件加工后的实际尺寸与其理想尺寸的偏离程度,如直径误差、长度误差等。

(2)形状误差,指加工后零件的实际表面形状对其理想形状的偏离程度,如圆度误差、直线度误差等。它是从整个形体来看在形状方面存在的误差,故又称为宏观几何形状误差。

(3)位置误差,指加工后零件的实际位置对其理想位置的偏离程度,如同轴度误差、垂直度误差等。

零件的表面都是由点、线、面等几何要素组成的。实际形状所允许的变动量称为形状公差。实际位置对基准所允许的变动量称为位置公差。

在零件工作图上,除了规定尺寸公差外,对质量要求较高的零件,还规定了形状和位置公差(简称几何公差)。

(4)表面微观不平度,指加工后的零件表面上由较小间距和峰谷所组成的微观几何形状误差。零件表面微观不平度用表面粗糙度的评定参数值表示。

随着制造技术水平的提高,可以减小加工误差,但不可能消除误差,即误差的产生是不可避免的。为了保证零件的功能和互换性要求,必须对加工误差加以限制,允许它们在一定的范围内变化。这种允许零件加工误差变动的范围,称为公差。

误差与公差是两个相对应的不同概念。误差是在加工过程中产生的,而公差是设计者给定的,是用于限制加工误差的。每一种加工误差均对应一种公差,因而公差类型有尺寸公差、形状公差、位置公差和表面粗糙度(包括表面微观不平度),俗称"四大公差"。只有将一批零件的加工误差控制在产品性能所允许的变动范围内,才能使零件具有互换性。可见,公差是保证零件互换性的基本条件。

表面粗糙度对机械零件的耐磨性、配合性、耐腐蚀性、疲劳强度、密封性和美观性等都有较大的影响,因而它是评定零件质量的一项重要指标。

三、孔和轴的极限与配合

(一)尺寸和公差方面的术语

(1)公称尺寸,指由图样规范定义的理想形状要素的尺寸,通过它并应用上、下极限偏差可计算出极限尺寸。公称尺寸是设计者通过计算或根据经验而确定的,且按标准尺寸圆整取值,以减少定值刀具、量具的规格数量。如图 B-1 中的尺寸 $\phi20$ 和 40,这两个尺寸是圆柱销的公称尺寸。

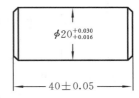

$$\phi20^{+0.030}_{+0.016}$$

$$40\pm0.05$$

图 B-1　圆柱销

(2)实际尺寸,指通过测量获得的尺寸。由于存在测量误差,实际尺寸并非尺寸的真值,同时,由于存在形状误差的影响,零件的同一表面上的不同部位,其实际尺寸也不一定相同。

(3)极限尺寸,指一个孔或轴允许的两个极端尺寸值,实际尺寸应位于其中,也可达到极限尺寸。孔或轴允许的最大尺寸为上极限尺寸,即两个极端中较大的一个。孔或轴允许的最小尺寸为下极限尺寸,即两个极端中较小的一个。

公称尺寸和极限尺寸是设计者确定的尺寸,而实际尺寸是加工后对零件进行测量而得到的尺寸,为了保证使用要求,极限尺寸用于控制实际尺寸。

(4)实际偏差,指实际尺寸减去其公称尺寸所得的代数差。

(5)极限偏差,包括上极限偏差和下极限偏差,用于限制实际偏差。上极限尺寸减去其公称尺寸所得的代数差称为上极限偏差;下极限尺寸减去其公称尺寸所得的代数差称为下极限偏差。

上极限偏差和下极限偏差的数值可以都是正(+)值,如 $\phi20^{+0.015}_{+0.030}$,也可以都是负(一)值,如 $\phi50^{-0.025}_{-0.050}$。此外,上极限偏差和下极限偏差其中之一也可以为 0;或者上极限偏差为正值,下极限偏差为负值。

(6)尺寸公差(简称公差),指上极限尺寸减下极限尺寸之差,或上极限偏差减下极限偏差之差。它是尺寸所允许的变动量。

公差永远是正值,且不能为零。应当指出,公差与偏差是两个不同的概念,不能把负偏

差称为负公差，两者不能混为一谈。公差表示制造精度的要求，反映加工难易程度；而偏差表示偏离公称尺寸的程度，它表示公差带的位置，影响配合松紧。公称尺寸、极限尺寸、极限偏差及公差之间的相互关系如图 B-2 所示。

（二）配合方面的术语

（1）配合，指公称尺寸相同的、相互结合的孔和轴公差带之间的关系。实际上配合是指孔和轴的结合，即用一个零件的表面将另一个零件的表面包围住（存在包容和被包容的关系），这种关系反映孔和轴之间的松紧程度，具体表现为孔和轴结合后，有的牢固连接为一体，有的可沿结合面做相对运动。

（2）过盈，指相配合的孔的尺寸小于轴的尺寸时，孔的尺寸减去相配合的轴的尺寸之差，为负值。

（3）最大过盈，指孔的下极限尺寸减轴的上极限尺寸的差，或孔的下极限偏差减轴的上极限偏差之差。

（4）最小过盈，指孔的上极限尺寸减轴的上极限尺寸的差，或孔的上极限偏差减轴的下极限偏差之差。

（5）间隙，指相配合的孔的尺寸大于轴的尺寸时，孔的尺寸减去相配合的轴的尺寸之差，为正值。

（6）最大间隙，指孔的上极限尺寸减轴的下极限尺寸之差，或孔的上极限偏差减轴的下极限偏差之差。

（7）最小间隙，指孔的下极限尺寸减轴的上极限尺寸之差，或孔的下极限偏差减轴的上极限偏差之差。

（8）过盈配合，指具有过盈（包括最小过盈等于零）的配合。此时，孔的公差带在轴的公差带之下，如图 B-3 所示，孔、轴之间不能相对活动。

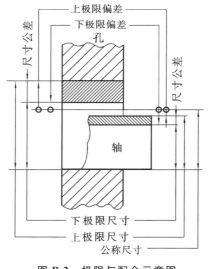

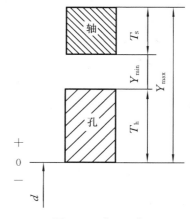

图 B-2　极限与配合示意图　　　　图 B-3　过盈配合

（9）间隙配合，指具有间隙（包括最小间隙等于零）的配合。此时，孔的公差带在轴的公差带之上,如图 B-4 所示。

(10) 过渡配合,指可能具有间隙或过盈的配合。此时,孔的公差带和轴的公差带相互交叠,过盈值或间隙值都很小,如图 B-5 所示。

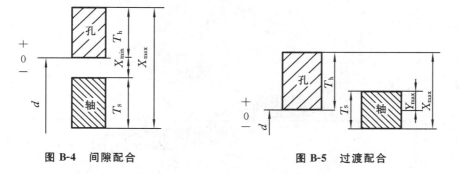

图 B-4　间隙配合　　　　　　　　　　　　图 B-5　过渡配合

(三) 标准公差等级

国家标准把孔、轴公差等级分为 20 个等级。标准公差等级用字母 IT 加阿拉伯数字表示。IT 为英语"ISO tolerance"的词头缩写,表示标准公差,阿拉伯数字表示标准公差等级数,如 IT7 表示标准公差为 7 级。GB/T 1800.2—2020 对 500 mm 内的公称尺寸,规定了 IT01,IT0,IT1 至 IT18 共 20 个标准公差等级;对大于 500~3150 mm 的公称尺寸,规定了 IT1 至 IT18 共 18 个标准公差等级。从 IT01 到 IT18,公差等级依次降低,而相应的标准公差值依次增大。

(四) 基本偏差

1. 基本偏差代号

基本偏差是指确定公差带相对公称尺寸位置的那个极限偏差。它可以是上极限偏差或下极限偏差,一般为靠近零线的那个偏差。当公差带在零线以上时,基本偏差为下极限偏差;当公差带在零线以下时,基本偏差为上极限偏差。

GB/T 1800.2—2020 对孔、轴分别规定有 28 个基本偏差代号,用拉丁字母(按英文字母读音)表示,大写字母表示孔,小写字母表示轴,如图 B-6 所示。在 26 个字母中,除去容易与其他含义混淆的 I,L,O,Q,W(i,1,o,q,w)5 个字母外,采用 21 个,再加上两个字母 CD、EF,FG,JS,ZA,ZB,ZC(cd,ef,fg,js,za,zb,zc)表示的 7 个,共有 28 个代号,构成孔(或轴)的基本偏差系列,反映 28 种公差带的位置。

由图 B-6 可以看出,对孔的基本偏差中,A~H 为下极限偏差 EI,其绝对值依次减小,J~ZC 为上极限偏差 ES(除 J 和 K 外);相对应,对轴的基本偏差中,a~h 为上极限偏差 es,j~zc 为下极限偏差 ei(除 j 和 k 外)。其中,H 和 h 的基本偏差为零,分别表示基准孔和基准轴。由 JS(js)组成的公差带,在各公差等级中都对称于零线,基本偏差可为上极限偏差(+IT/2),也可为下极限偏差(−IT/2)。J(j)是旧标准中保留的近似对称代号,将逐步被 JS(js)取代。基本偏差的大小原则上与公差等级无关(仅有 JS(js)、J(j)和 K(k)的基本偏差随公差等级变化)。在基本偏差系列图中,公差带的一端是封闭的,表示基本偏差;另一端是开口的,其位置还取决于公差等级。这正说明公差带包含标准公差和基本偏差这两个要素。

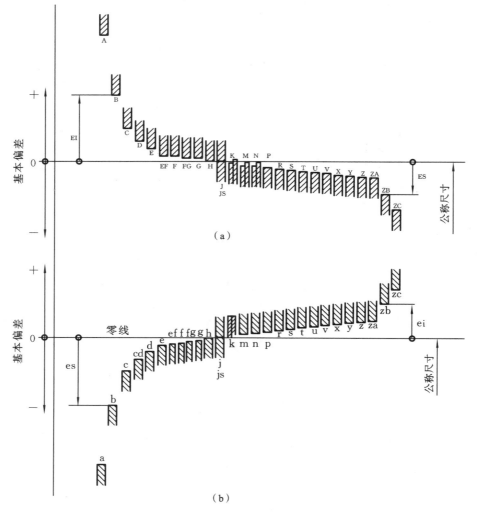

图 B-6　基本偏差系列图

2. 关于公差带和配合的表示

(1) 公差带的表示。

公差带用基本偏差代号(位置要素)和公差等级数字(大小要素)表示,表示时要用同一字号的字体。例如,H8——孔公差带;f7——轴公差带。

标注公差时,可采用公称尺寸加所要求的公差带或(和)对应的极限偏差值的形式,例如:32H8,80js15,100f7,$100^{-0.036}_{-0.071}$,$100f7\left(^{-0.036}_{-0.071}\right)$。

(2) 配合的表示。

配合用相同的公称尺寸后跟孔、轴公差带表示。孔、轴公差带写成分数形式,分子为孔公差带,分母为轴公差带,例如 50H8/f7,$50\dfrac{H8}{f7}$。

3. 基准制配合

在生产中,需要各种不同性质的配合,既使配合公差(T_f)一定,又通过改变孔和轴公差带的位置,使配合获得无限多种不同的孔、轴公差带的组合形式。为了简化孔、轴公差带的组合形式,统一孔(或轴)公差带的评判基准,进而达到减少定值刀、量具的规格数量,获得最大的技术经济效益。GB/T 1800.2—2020 规定了如下两种基准制配合。

(1) 基孔制配合,指基本偏差为一定的孔的公差带,与不同基本偏差的轴的公差带形成各种配合的一种制度。基孔制配合的孔为基准孔,用"H"表示,孔公差带在零线上,且下偏差 EI=0,上偏差 ES=+T_h,如图 B-7 所示。

显然,基准孔 H 与轴 a~h 形成间隙配合,与轴 j~n 形成过渡配合,与轴 p~zc 形成过盈配合。

(2) 基轴制配合,指基本偏差为一定的轴的公差带,与不同基本偏差的孔的公差带形成各种配合的一种制度,如图 B-8 所示。基轴制配合的轴为基准轴,用"h"表示,轴公差带在零线之下,且上偏差 es=0,下偏差 ei=−T_s。

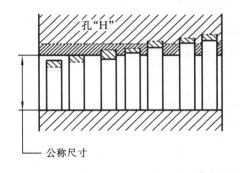

图 B-7　基孔制配合

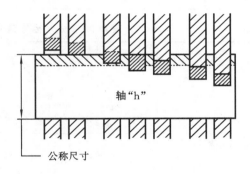

图 B-8　基轴制配合

同理,基准轴 h,与孔的基本偏差 A~H 形成间隙配合;与孔的基本偏差 J~N 形成过渡配合;与孔的基本偏差 P~ZC 形成过盈配合。

(五) 线性尺寸的未注公差

"未注公差尺寸"俗称"自由尺寸",指那些不包括在尺寸链中,且对配合性质无直接影响的尺寸。其精度在一般情况下不影响该零件的工作性能和质量,因此,在图纸上通常都不标注出它们的公差值。但这并不是说对这类尺寸没有任何限制和要求,只是对它们的要求比对一般配合尺寸的要求低。

一般公差指在车间一般加工条件下可保证的公差。在正常维护和操作条件下,它代表经济加工精度。采用一般公差的尺寸,在该尺寸后不注出极限偏差,并且在正常条件下可不进行检验。这样将有利于简化制图,使图面清晰,并突出重要的、有公差要求的尺寸,以便在加工和检验时引起对重要尺寸的重视。一般公差主要用于非配合尺寸,以及由工艺方法来保证的尺寸,例如,冲压件和铸件的尺寸由模具保证。

GB/T 1804—2000 规定了线性尺寸的一般公差等级和极限偏差。一般公差等级分为四级：f(精密级)、m(中等级)、c(粗糙级)、v(最粗级)。极限偏差全部采用对称偏差值,相应的极限偏差数值如表 B-1、表 B-2 所示。在规定图样上的一般公差时,应考虑车间的一般加工精度,选取 GB/T 1804—2000 规定的公差等级,在图样上、技术文件或相应的标准(如企业标准、行业标准等)中用标准号和公差等级符号表示。例如,选用中等级时,表示为 GB/T 1804—m。

表 B-1 线性尺寸的极限偏差数值 (单位:mm)

公差等级	尺寸分段							
	0.5～3	>3～6	>6～30	>30 ～120	>120 ～400	>400 ～1000	>1000 ～2000	>2000 ～4000
f(精密级)	±0.05	±0.05	±0.1	±0.15	±0.2	±0.3	±0.5	—
m(中等级)	±0.1	±0.1	±0.2	±0.3	±0.5	±0.8	±1.2	±2
c(粗糙级)	±0.2	±0.3	±0.5	±0.8	±1.2	±2	±3	±4
v(最粗级)	—	±0.5	±1	±1.5	±2.5	±4	±6	±8

表 B-2 倒圆半径与倒角高度尺寸的极限偏差数值 (单位:mm)

公差等级	尺寸分段			
	0.5 ～ 3	> 3 ～ 6	> 6 ～ 30	> 30
f(精密级)	±0.2	±0.5	±1	±2
m(中等级)				
c(粗糙级)	±0.4	±1	±2	±4
v(最粗级)				

四、几何公差

机械零件几何要素的形状和位置精度不仅影响该零件的互换性,而且也影响整个机械产品的质量。为了保证机械产品的使用性能,在零件图样上就应该给出形状、方向、位置和跳动公差(简称几何公差),限制零件加工时产生的形状和位置误差(简称几何误差)的允许变动范围。

(一)几何公差的项目和符号

根据国家标准《产品几何技术规范(GPS)　几何公差　形状、方向、位置和跳动公差标注》(GB/T 1182—2018)的规定,几何公差项目共有 14 种。形状公差是对单一要素提出的要求,因此没有基准要求;位置公差是对关联要素提出的要求,因此,在大多数情况下都有基准要求。对于线轮廓度和面轮廓度,若无基准要求,则为形状公差;若有基准要求,则为位置公差。几何公差的项目和符号如表 B-3 所示。被测要素、基准要素的标注要求及其他附加符号如表 B-4 所示。

表 B-3 几何公差的项目和符号

公差类型	几何特征	符号	有或无基准要求
形状公差	直线度	━	无
	平面度	▱	无
	圆度	○	无
	圆柱度	⌀	无
形状、方向或位置公差	线轮廓度	⌒	无或有
	面轮廓度	◠	无或有
位置公差	平行度	//	有
	垂直度	⊥	有
	倾斜度	∠	有
	位置度	⊕	有或无
	同轴(同心)度	◎	有
	对称度	═	有
跳动公差	圆跳动	↗	有
	全跳动	↗↗	有

(二) 公差带

1. 几何公差的含义和公差带的特征

几何公差是指实际被测要素对图样上给定的理想形状、理想位置的允许变动量。形状公差是指实际单一要素的形状所允许的变动量。位置公差是指实际关联要素相对于基准位置所允许的变动量。

公差带是用来限制被测实际要素变动的区域。这个区域可以是平面区域或空间区域。只要被测实际要素能全部落在给定的公差带内,就表明该被测实际要素合格。

公差带具有形状、大小、方向和位置四个特征,分别叙述如下。

(1) 形状。公差带的形状取决于被测要素的几何理想要素和设计要求,具有最小包容区的形状。根据被测要素的特征和结构尺寸,公差带有表 B-5 列出的九种主要形状。它们都

表 B-4　几何公差的有关符号

说　　明		符　　号	说　　明	符　　号
被测要素的标注	直接		最大实体要求	Ⓜ
	用字母	A	最小实体要求	Ⓛ
基准要素的标注		$\boxed{A}$	可逆要求	Ⓡ
基准目标的标注		$\frac{\phi2}{A_1}$	延伸公差带	Ⓟ
理论正确尺寸		$\boxed{50}$	自由状态(非刚性零件)条件	Ⓕ
包容要求		Ⓔ	全周(轮廓)	

表 B-5　公差带的主要形状

平　面　区　域		空　间　区　域	
两平行直线		球	
两等距曲线		圆柱面	
两同心圆		两同轴圆柱面	
圆		两平行平面	
		两等距曲面	

是几何图形。公差带是按几何概念定义的(除跳动公差带外),与测量方法无关。在生产中可以采用任何测量方法来测量和评定某一实际被测要素是否满足设计要求。跳动公差带是按特定的测量方法定义的,其特征与测量方法有关。

(2)大小。公差带的大小由设计者在框格中给定,公差值用线性值 t 的数值表示。如果公差带是圆形或圆柱形的,则在公差值前加注 ϕ;如果是球形的,则加注"$S\phi$"。

（3）方向。公差带的宽度方向就是给定的方向或垂直于被测要素的方向。

（4）位置。公差带的位置是指公差带位置是固定的还是浮动的。所谓固定的,是指公差带的位置不随实际尺寸的变动而变化,例如一切中心要素的公差带位置均是固定的。所谓浮动的,是指公差带的位置随实际尺寸的变化（上升或下降）而浮动,例如一般轮廓要素的公差带位置都是浮动的。

2. 形状公差带

形状公差限制形体本身形状误差的大小。直线度、平面度、圆度和圆柱度四个项目为单一要素,其公差属于形状公差;线、面轮廓度公差中有基准要求的应看作位置公差,其余仍属形状公差。

3. 轮廓公差带

轮廓公差带主要包括线轮廓度公差和面轮廓度公差。

线轮廓度公差用以限制平面曲线（或曲面的截面轮廓）的形状误差。线轮廓度公差有两种:一种是无基准要求的,相应公差带是一系列直径为公差值的圆的两包络线之间的区域,诸圆的圆心位于具有理论正确几何形状的线上,如图 B-9（a）所示;另一种是有基准要求的,其公差标注如图 B-9（c）所示。两种线轮廓度公差带的形状、大小均相同,只是图 B-9（b）所示公差带位置是浮动的,而图 B-9（c）所示公差带位置是一定的。

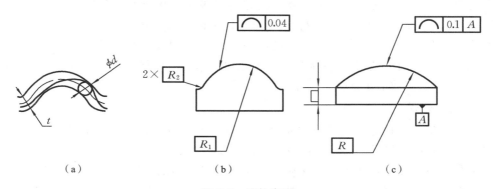

图 B-9　线轮廓度

（a）示意图;（b）浮动形式;（c）固定形式

面轮廓度公差用以限制一般曲面的形状误差。同样,面轮廓度公差有两种:一种是无基准要求的,相应公差带是包络一系列直径为公差值 t 的球的两包络面之间的区域,诸球的球心应位于具有理论几何形状的曲面上,如图 B-10（a）所示。另一种是有基准要求的,其公差标注如图 B-10（c）所示。两种面轮廓度公差带的形状、大小均相同,只是图 B-10（b）所示公差带位置是浮动的,而图 B-10（c）所示公差带位置是一定的。

4. 方向公差带

方向公差是指实际关联要素相对基准的实际方向对理想方向的允许变动量,它包括平行度、垂直度、倾斜度。平行度、垂直度和倾斜度的被测要素和基准要素都有直线和平面之分。因此,有被测直线相对基准直线（线对线）、被测直线相对基准平面（线对面）、被测平面相对基准直线（面对线）和被测平面相对基准平面（面对面）等四种情况。

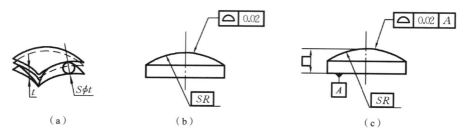

图 B-10　面轮廓度

(a) 示意图；(b) 活动形式；(c) 固定形式

　　方向公差可以控制与其有关的形状误差。如平面的平行度公差,可以控制该平面的平面度和直线度误差;轴线的垂直度公差可以控制该轴线的直线度误差。因此,对规定了方向公差的要素,一般不再规定形状公差,只有在需要进一步限制形状误差时,才提出更严格的形状公差要求。

5. 位置公差带

　　位置公差用以限制被测要素对基准的位置变动,它包括位置度、同轴(同心)度和对称度。

　　位置公差可以综合控制同一被测要素的方向误差和形状误差。例如:平面的位置度公差,可以控制该平面的平面度误差和相对于基准的方向误差;同轴度公差可以控制被测轴线的直线度误差和相对于基准轴线的平行度误差。因此,对规定了位置公差的要素,一般不再规定形状公差和方向公差,只有在需要进一步限制形状和方向误差时,才提出更严格的形状和方向公差要求(其数值小于位置公差值)。

6. 跳动公差带

　　跳动公差带是按特定的测量方法定义的位置公差项目。其所涉及的被测要素为圆柱面、端平面和圆锥面等轮廓要素,而涉及的基准要素为轴线。

　　跳动是实际被测要素在无轴向移动的条件下绕基准轴线回转过程中(回转一周或连续回转),由指示表在给定的测量方向上对该实际被测要素测得的最大值与最小值之差。所谓测量方向,就是指示表测杆轴线相对基准轴线的方向。

　　根据测量方向,跳动分为径向跳动(测杆轴线与基准轴线垂直且相交)、端面跳动(测杆轴线与基准轴线平行)和斜向跳动(测杆轴线与基准轴线以某一角度倾斜相交)。

　　根据测量区域,跳动分为圆跳动(被测要素回转一周,而指示表的位置固定)和全跳动(被测要素连续回转且指示表做直线移动)。

　　跳动公差带不仅有形状和大小要求,还有方向要求,即公差带相对于基准轴线有确定的方向。

　　跳动公差带能综合控制同一被测要素的方向和形状。例如:径向圆跳动公差综合控制圆柱度误差和圆度误差;径向全跳动公差综合控制同轴度误差和圆柱度误差;端面全跳动公差综合控制端面对基准轴线的垂直度误差和平面度误差。因此,采用跳动公差时,若综合控制被测要素能够满足功能要求,一般不再标注相应的位置公差和形状公差;若不能够满足功能要求,则可进一步给出相应的位置公差和形状公差(其数值应小于跳动公差值)。

五、表面粗糙度

在机械加工过程中,由于切削过程中切屑分离时的塑性变形、工艺系统中的高频振动以及刀具与被加工表面的摩擦和挤压等原因,加工后零件的表面由较小的间距和峰谷组成的微观几何形状误差,即表面粗糙度。

表面粗糙度国家标准由《产品几何技术规范(GPS)表面结构　轮廓法　术语、定义及表面结构参数》(GB/T 3505—2009)、《产品几何技术规范(GPS)表面结构　轮廓法　评定表面结构的规则和方法》(GB/T 10610—2009)、《产品几何技术规范(GPS)表面结构　轮廓法　粗糙度参数及其数值》(GB/T 1031—2009)和《产品几何技术规范(GPS)技术产品文件中表面结构的表示法》(GB/T 131—2006)等构成。

表面粗糙度参数值的大小与产品的质量有关。因此,在保证零件尺寸、形状和位置精度的同时,也要保证一定的表面粗糙度要求,特别是对高速度、高精度和密封要求严的产品,表面粗糙度要求尤为重要。

(一)表面粗糙度的评定

测量和评定表面粗糙度时,要确定评定基准和评定参数。

1. 评定基准

为了客观地评定表面粗糙度,首先要确定测量的长度范围和方向,即评定基准,它包括取样长度、评定长度和基准线。

(1)取样长度。

取样长度指在测量和评定表面粗糙度时所规定的一段基准长度。在取样长度(lr)范围内,一般应包括五个以上的峰和谷,如图 B-11 所示。选择和规定取样长度是为了限制和减小其他几何形状误差,特别是表面波纹度对表面粗糙度测量结果的影响。取样长度的数值规定在轮廓总的走向上量取。国家标准规定的取样长度如表 B-6 所示。

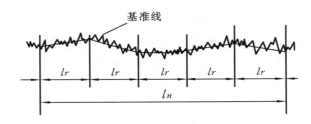

图 B-11　取样长度和评定长度

(2)评定长度。

评定长度(ln)是为了较全面地反映某一表面粗糙度的特性,规定在评定时所必需的一段表面长度,它可包括一个或几个取样长度(见图 B-11)。

由于加工表面的粗糙度并不均匀,只取一个取样长度中的粗糙度值来评定该表面的表面质量还不够客观,所以要取几个连续的取样长度。取多少个取样长度与加工方法有关,即

表 B-6　取样长度和评定长度的选用值

$Ra/\mu m$	Rz 与 $Ry/\mu m$	lr/mm	$ln(ln=5lr)/mm$
$\geqslant0.008 \sim 0.02$	$\geqslant0.025 \sim 0.50$	0.08	0.4
$>0.02 \sim 0.1$	$>0.10 \sim 0.50$	0.25	1.25
$>0.1 \sim 2.0$	$>0.5 \sim 10.0$	0.8	4.0
$>2.0 \sim 10.0$	$>10.0 \sim 50.0$	2.5	12.5
$>10.0 \sim 80.0$	$>50.0 \sim 320$	8.0	40.0

与加工所得到的表面粗糙度的均匀程度有关，越均匀，所取个数可越少。对于均匀性较好的表面，$ln<5lr$；对于均匀性较差的表面，$ln\geqslant5lr$。

（3）轮廓中线。

获得零件的实际表面轮廓后，为了定量地评定零件表面粗糙度，需要确定一条具有几何轮廓形状并划分被评定轮廓的基准线，即轮廓中线。通常有两种轮廓中线。

① 轮廓最小二乘中线，具有几何轮廓形状并划分轮廓的基准线，在取样长度内，使轮廓线上各点的轮廓偏距 y_i（在测量方向上，轮廓上各点至基准线的距离）的平方和为最小，如图 B-12 所示，此基准线称为轮廓的最小二乘中线（简称中线）。

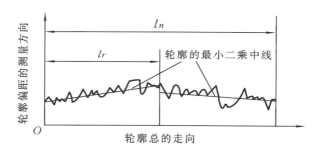

图 B-12　轮廓最小二乘中线

在有计算机的测量系统中，轮廓的最小二乘中线由相关的程序（软件）来确定，而在具有电滤波器的测量仪中，它由仪器本身确定。用最小二乘法求得的中线是唯一的。

② 轮廓的算术平均中线是具有几何轮廓形状，在取样长度内与轮廓走向一致，并划分轮廓，使上、下两边面积相等的基准线，如图 B-13 所示，即

$$\sum_{i=1}^{n}F_i = \sum_{i=1}^{n}F_i'$$

轮廓的最小二乘中线符合最小二乘原则，从理论上讲是理想的、唯一的基准线，但在轮廓图形上确定其位置比较困难。因此，它只用于精确测量。而轮廓的算术平均中线与轮廓的最小二乘中线差别很小，通常用目测估计来确定轮廓的算术平均中线，故实际应用中常用它替代轮廓的最小二乘中线。当轮廓很不规则时，它并不是唯一的基准线。

2. 评定参数

为满足对零件表面不同的功能要求，GB/T 3505—2009 从表面微观几何形状高度、间

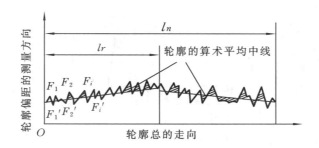

图 B-13 轮廓算术平均中线

距和形状等三个方面规定了四项评定参数,其中幅度参数是主参数。

(1)轮廓的算术平均偏差 Ra(幅度参数)。

轮廓的算术平均偏差 Ra 指在一个取样长度 lr 内,被测实际轮廓上各点至轮廓中线距离 $Z(x)$ 绝对值的平均值(见图 B-14),即:

$$Ra = \frac{1}{lr}\int_0^{lr} |Z(x)| \, \mathrm{d}x \qquad (B-1)$$

或近似为

$$Ra = \frac{1}{n}\sum_{i=1}^n |Z_i| \qquad (B-2)$$

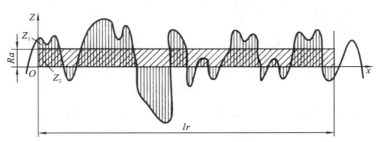

图 B-14 轮廓的算术平均偏差 Ra

对加工后表面测得的 Ra 值越大,则表面越粗糙。

(2)轮廓的最大高度 Rz(幅度参数)。

轮廓的最大高度 Rz 指在一个取样长度 lr 内,最大轮廓峰高 Zp 与最大轮廓谷深 Zv 之和,如图 B-15 所示,即

$$Rz = Zp + Zv \qquad (B-3)$$

对加工后表面测得的 Rz 值越大,则表面越粗糙。

在零件图上,对零件某一表面的表面粗糙度要求,按需要选择 Ra 或 Rz 标注。

(3)轮廓单元的平均宽度 Rsm(间距参数)。

在图 B-16 中,一个轮廓峰与相邻轮廓谷的组合称为轮廓单元,而中线与各个轮廓单元相交线段的长度称为轮廓单元宽度 Xs_i。

轮廓单元的平均宽度 Rsm 指在一个取样长度 lr 内所有轮廓单元宽度 Xs_i 的平均值,即

$$Rsm = \frac{1}{m}\sum_{i=1}^m Xs_i \qquad (B-4)$$

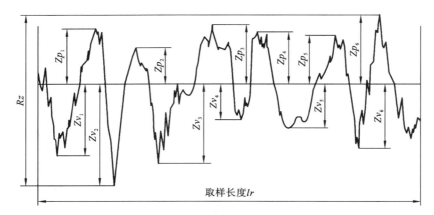

图 B-15　轮廓的最大高度 Rz

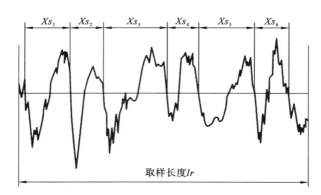

图 B-16　轮廓单元宽度

Rsm 属于附加评定参数，设计时与 Ra 或 Rz 同时选用，不能独立采用。

（4）轮廓的支承长度率（混合参数）。

轮廓的支承长度率 $Rmr(c)$ 指在给定的水平截面高度 c 上，轮廓的实体材料长度 $Ml(c)$ 与评定长度 ln 的比率（见图 B-17），即

$$Rmr(c) = \frac{Ml(c)}{ln} \tag{B-5}$$

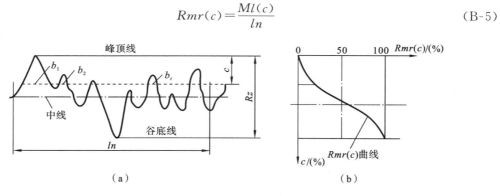

图 B-17　支承比率 $Rmr(c)$ 曲线

轮廓的实体材料长度 $Ml(c)$ 指在评定长度 ln 内，一条平行于中线的直线从峰顶线向下

移动一水平截距 c 时,与轮廓相截所得的各段截线长度 b_i 之和(见图 B-17(a)),即

$$Ml(c) = b_1 + b_2 + \cdots + b_i + \cdots + b_n = \sum_{i=1}^{n} b_i \tag{B-6}$$

$Rmr(c)$ 随着水平截距 c 而变化,如图 B-17(b)所示。水平截距 c 可用微米(μm)或 Rz 的百分比表示。当 c 一定时,$Rmr(c)$ 值越大,则支承能力和耐磨性越好。

$Rmr(c)$ 属于附加评定参数,设计时与 Ra 或 Rz 同时选用,不能独立采用。

(二)表面粗糙度的图样标注

GB/T 131—2006 规定了零件表面粗糙度符号、代号及其在图样上的注法。它适用于机电产品图样及有关技术文件。其他图样和技术文件也可参照采用。GB/T 131—2006 等效采用 ISO 1302—2002《产品几何规范——技术产品文档中表面特征的表示法》。

1. 表面粗糙度符号

在产品图样上表示零件表面粗糙度的符号列于表 B-7。

表 B-7　表面粗糙度符号

符　　　号	意义及说明
$\sqrt{}$	基本符号。表示表面可用任何方法获得。当不加注粗糙度参数值或有关说明时,仅适用于简化代号标注
$\sqrt{}$	基本符号加一短画,表示表面是用去除材料的方法获得。例如车、铣、钻、磨、电加工等
$\sqrt{}$	基本符号加一小圆,表示表面是用不去除材料的方法获得。例如铸、锻、冲压变形、热轧、粉末冶金等 或用于表示保持原供应状况的表面(包括保持上道工序的状况)
$\sqrt{}\ \sqrt{}\ \sqrt{}$	在上述三个符号的长边上均可加一横线,用于标注有关参数和说明
$\sqrt{}\ \sqrt{}\ \sqrt{}$	在上述三个符号上均可加一小圆,表示所有表面具有相同的表面粗糙度要求

在设计过程中,对零件的表面要明确地按其功能要求选择和标注表面粗糙度符号,而不能不加分析地对所有表面都标注基本符号。

2. 常用标注形式

在表面粗糙度参数的所有实测值中,允许超过规定值的个数少于总数的 16% 时,应在图样上标注表面粗糙度参数的上限值或下限值。例如:

$\sqrt{Ra3.2}$ —— 去除材料获得的表面粗糙度,其 Ra 的上限值为 3.2 μm(标准推荐优先采用 Ra,故"Ra"可不注写);

$\sqrt{\substack{U\,Ra\,6.3 \\ L\,Ra\,3.2}}$ —— 去除材料获得的表面粗糙度,其 Ra 的上限值为 6.3 μm,Ra 的下限值为 3.2 μm;

$\sqrt{Ra12.5}$ —— 去除材料获得的表面粗糙度,其 Ra 的上限值为 12.5 μm,当表面粗糙度参数用 Rz 或 Ry 时,则需在数值前注写 Rz 或 Ry。

在表面粗糙度参数的所有实测值中,要求不得超过规定值时,应在图样上标注表面粗糙度参数的最大值或最小值。例如:

$\sqrt{Ra\ max\ 3.2}$ —— 去除材料获得的表面粗糙度,Ra 的最大值为 3.2 μm;

$\sqrt{\begin{array}{l}U\ Ra\ max\ 3.2\\ L\ Ra\ 1.6\end{array}}$ —— 去除材料获得的表面粗糙度,Ra 的最大值为 3.2 μm,Ra 的最小值为 1.6 μm;

$\sqrt{Ry\ max\ 3.2}$ —— 任何方法获得的表面粗糙度,Ry 的最大值为 3.2 μm。

标注示例参见图 B-18。

3. 表面粗糙度代号

在表面粗糙度符号周围的规定位置标注参数值及其他各项相关要求,就组成了表面粗糙度代号,如图 B-19 所示。

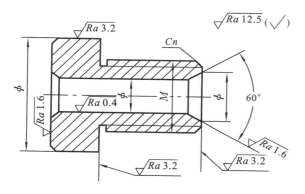

图 B-18　粗糙度标注示例

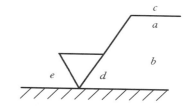

图 B-19　各项标注规定在符号中的位置

在图 B-19 中,各位置所标注符号代表的含义如下。

(1) a:表面粗糙度参数代号(Ra 或 Rz)、极限值(单位:μm)和传输带(或取样长度),即上、下限值符号,传输带数值/幅度参数符号,评定长度值,极限值判断规则(空格),幅度参数极限值。

(2) a 和 b:两个或多个表面粗糙度要求(Rsm,单位:mm)。

(3) c:加工方法、涂层、表面处理或其他说明。

(4) d:表面纹理和方向。

(5) e:加工余量(单位:mm)。

(三)表面粗糙度的检测

表面粗糙度的测量方法可分为比较法、光切法、干涉法和针描法。

1. 比较法

比较法是将被测表面与标有一定评定参数值的表面粗糙度样板相比较从而判断被测表面粗糙度的一种测量方法。

选择表面粗糙度样板时,样板的材料、形状、加工方法、加工纹理方向等应尽可能与被测表面相同,否则将产生较大的误差。因此,最合理的办法是从一批加工零件中挑选出合乎要求的零件,测出表面粗糙度值作为比较检验的样板。

用比较法评定表面粗糙度虽然不能精确地得出被测表面的表面粗糙度值,但由于器具简单,使用方便,能满足一般的生产需要,故常用于生产现场中评定表面粗糙度参数值较大的表面。

2. 光切法

光切法是应用光切原理测量表面粗糙度的一种测量方法。按光切原理制成的仪器称为光切显微镜(又称双管显微镜)。这种方法适宜于测量用车、铣、刨等加工方法所加工零件的表面粗糙度。光切法主要用于测量 Rz 值,其测量范围一般为 $0.05\sim60\ \mu\mathrm{m}$。

3. 干涉法

干涉法是利用光波干涉原理测量表面粗糙度的一种测量方法。按干涉原理制成的仪器称为干涉显微镜,该仪器主要用于测量 Rz 值,其测量范围为 $0.05\sim0.8\ \mu\mathrm{m}$,一般用于测量要求表面粗糙度值较小的表面。

4. 针描法

针描法是一种接触式测量表面粗糙度的方法。应用针描法测量表面粗糙度,最常用的仪器是电动轮廓仪,该仪器可直接显示 Ra 值,测量范围为 $0.02\sim5\ \mu\mathrm{m}$。

针描法测量迅速方便,可直接读出 Ra 值,并能在车间现场使用,因此得到了广泛的应用。

附录 C　零件加工与冷却润滑

一、生产过程

所有机械和工具从原材料转变为成品都要经过一系列的作业劳动。这些劳动过程包括：原材料的运输和储存；生产准备和工作地的服务工作；毛坯制造；对毛坯进行加工，使其符合图纸要求；将零件装配成部件和成品；检验与调试；油漆、包装等。以上劳动过程的综合称为该机械的生产过程或该工具的生产过程。

（一）工艺过程

生产过程所包括的内容是十分广泛而复杂的，它不仅包括零件在机床上的加工，而且还包括生产的各项准备工作、质量检验、运输、保管等。而其中直接改变毛坯的形状、尺寸和材料性能，使之变为成品的过程，是该生产过程的主要部分，称为工艺过程。

（二）工艺过程的组成

机械加工工艺过程是由一系列的基本单元——工序组合而成的，毛坯依次通过这些工序变为成品。

（1）工序。工序指一个（或一组）工人，在一个工作地点，对一个（或同时加工的数个）工件所连续完成的那部分工艺过程。工序的内容有繁有简。划分一个工序的显著特征是：加工对象、设备以及执行加工的工人是不变的，且加工是连续完成的。

（2）工位。一次装夹后工件在机床上所占有的每一个位置（每一位置有一相应的加工表面），称为工位。采用多工位，可以减少装夹的次数。

（3）工步。工步是工序的一部分，指在加工表面、切削工具和切削用量中的转速与进给量均保持不变的情况下所完成的那部分工序。

二、切削加工中常用的冷却润滑液

在切削加工过程中，由于金属的变形和摩擦作用，会产生很大的热量，所以常需使用冷却润滑液。

（一）冷却润滑液的作用

1. 冷却作用

冷却润滑液可以吸收并迅速带走大量的切削热，降低刀具和工件的温度。这样就能提高刀具的寿命,防止工件受热变形而引起尺寸误差。

2. 润滑作用

冷却润滑液能渗入刀具和切屑及刀具和工件之间的微小间隙中形成一层薄膜,降低摩擦系数,减小切削力,因而可以提高表面加工质量。

实践证明:合理选用冷却润滑液,一般可使加工表面的表面粗糙度值降低50%或更多,切削力减小15%～30%,切削温度降低150～200 ℃,还能提高切削效率和刀具寿命,并有利于排屑。

(二) 冷却润滑液的种类

常用的冷却润滑液可分为两大类。一类是水类(水溶液),以冷却为主,多用于粗加工,如乳化液、电解质水溶液等。另一类为油类,以润滑为主,多用于精加工,如矿物油、动物油、植物油、混合油及活化矿物油等。冷却润滑液的性能和用途如表 C-1 所示。

表 C-1　常用冷却润滑液的性能和用途

分　类		名　称 及 配　方	冷却润滑性能	用　　途
水类	电解质水溶液	苏打水:无水硫酸钠 1%,亚硝酸钠0.25%,其余为水	冷却性能很好,润滑性能很差	钢件磨削
	乳化液	3%～5% 乳化液:乳化油膏3%～5%,其余为水	冷却性能较好,润滑性能较差	钢件粗车、粗铣、钻削,铸件磨削
		10%～15% 乳化液:乳化油膏 10%～15%,其余为水	冷却性能较好,润滑性能一般	钢件精车、精铣、镗削
		25% 乳化液:乳化油膏 25%,其余为水,另加肥皂和少量无水碳酸钠	冷却性能一般,润滑性能较好	高速钢宽刃车刀精车、拉孔
油类	矿物油	煤油	渗透性好,有内润滑作用,冷却性能较好	铸件精加工,铝件钻孔、攻螺纹
		高速机油(7 号)	润滑性能一般,冷却性能一般	剃齿、磨齿
		20 号机油(锭子油)	润滑性能较好,冷却性能一般	铣削、自动车床车削、滚齿、插齿
		白铅油与煤油的混合油(用煤油将白铅油调稀)	润滑性能很好,冷却性能较差	车蜗杆等
	植物油	豆油和菜油	润滑性能很好,冷却性能较差	攻螺纹、套螺纹、车螺纹、铰孔
	混合油	豆油 70%,变压器油 30%	润滑性能很好,冷却性能较差	一般钢件精加工
	活化矿物油	高速机油(7 号)70%,氯化石蜡油 26.5%,油酸3.5%	润滑性能特好,冷却性能较差	车丝杠、铰孔

（三）冷却润滑液的选用

选用冷却润滑液时可从以下三方面来考虑。

1. 根据加工性质和工种情况

一般来说，粗加工应以满足冷却要求为主，精加工应以满足润滑要求为主。刨削虽是粗加工，但由于冷却条件较好，一般不用冷却润滑液。磨削虽是精加工，但却需要强冷却，以免工件烧伤、退火和变形，常采用苏打水或浓度较低的乳化液冷却和润滑。

2. 根据加工材料

钢件粗加工一般用乳化液，精加工用油类。加工铸铁、青铜一般不用冷却润滑液，但铸铁精加工可用煤油作为冷却润滑液。加工铜、铝及其合金，不能用含硫、氯的冷却润滑液，以免腐蚀工件。

3. 根据机床情况

精密贵重机床应选用化学稳定性高的冷却润滑液，以免锈蚀机床。例如，齿轮磨床用20号机油，螺纹磨床用变压器油。

参 考 文 献

[1] 孔庆华,刘传绍.极限配合与测量技术基础[M].上海:同济大学出版社,2002.

[2] 劳动部培训司.钳工工艺[M].北京:劳动人事出版社,1988.

[3] 技工学校机械类通用教材编审委员会.钳工工艺学[M].北京:机械工业出版社,1993.

[4] 王纪元.钳工工艺基础[M].北京:水利电力出版社,1978.

[5] 刘榴.机械制造实习教材[M].西安:电子科技大学出版社,1984.

[6] 周金生.工具钳工工艺学[M].北京:科学普及出版社,1982.

[7] 盛善权.机械制造基础[M].北京:人民教育出版社,1978.

[8] 国家机械工业委员会.初级钳工工艺学[M].北京:机械工业出版社,1988.

[9] 王莉静,郝龙,吴金文.互换性与测量基础[M].武汉:华中科技大学出版社,2020.

[10] 徐自立,夏露.工程材料[M].2版.武汉:华中科技大学出版社,2020.